高等职业院校经济管理类规划教材

管理能力基础

（第3版）

谢平楼　李静　编著

北京邮电大学出版社
www.buptpress.com

内 容 提 要

本书是根据培养高职高专学生今后工作实际所需的管理知识与能力来编写的管理学基础教材。本书打破了按管理职能编排的惯例，按照管理基础能力、计划与决策能力、组织与人事能力、领导与沟通能力、控制与信息处理能力等五大管理能力体系构建。本书打破了传统教材的章节体例，按模块、项目表述。全书共分5个模块，25个项目，每个项目设置了“学习目标（含知识目标、能力目标、思政目标）”“案例导入”“知识学习”“能力训练（含复习思考、案例分析、技能测试、管理游戏、项目训练）”，力求探索一种“职业需求、职业目标、职业项目、职业素材、教学做合一、形成性考核”六位一体的新型管理学基础教材模式。

本书可作为高职高专院校商贸财经专业大类通用管理学基础教材，也可作为工商企业员工管理培训用书。

图书在版编目（CIP）数据

管理能力基础 / 谢平楼，李静编著. -- 3版. -- 北京 ：北京邮电大学出版社，2022.1

ISBN 978-7-5635-6180-3

Ⅰ. ①管… Ⅱ. ①谢… ②李… Ⅲ. ①管理学—高等职业教育—教材 Ⅳ. ①C93

中国版本图书馆CIP数据核字（2021）第262945号

策划编辑：彭　楠　　**责任编辑**：刘　颖　　**封面设计**：七星博纳

出版发行：北京邮电大学出版社
社　　址：北京市海淀区西土城路10号
邮政编码：100876
发 行 部：电话：010-62282185　传真：010-62283578
E-mail：publish@bupt.edu.cn
经　　销：各地新华书店
印　　刷：保定市中画美凯印刷有限公司
开　　本：787 mm×1 092 mm　1/16
印　　张：14.75
字　　数：364千字
版　　次：2022年1月第1版
印　　次：2022年1月第1次印刷

ISBN 978-7-5635-6180-3　　定价：36.00元

·如有印装质量问题，请与北京邮电大学出版社发行部联系·

前 言

Preface |管理能力基础(第3版)|

本教材《管理能力基础》(第1版)由湖南省职业院校专业带头人郴州职业技术学院谢平楼教授编著。本教材自2008年8月第1版、2012年7月第2版发行以来,深受全国广大高职高专师生的欢迎和好评。本教材以适应高职高专教学改革需要,充分体现高职高专教材“理论够用、突出能力”的特色作为出发点与追求目标,努力从内容和形式上有所突破和创新。在内容取舍上,坚持实用性、针对性,根据高职高专学生到工作岗位所需的管理技能来选择教学内容,而不是从传统教材的内容和体系出发。在编写方式上,本教材打破了一贯到底的单一叙述式,除必需的理论叙述外,以足够的篇幅设置了“学习目标(含知识目标、能力目标和思政目标)”“案例导入”“知识学习”“能力训练”(含复习思考、案例分析、技能测试、管理游戏、项目训练),力求探索一种“职业需求、职业目标、职业项目、职业素材、教学做合一、形成性考核”六位一体的新型高职高专教材模式,以尽可能适应教师精讲、学生多练、“能力本位、项目驱动”的新型职业教育教学方式。本教材分5个模块,分别按照管理基础能力、计划与决策能力、组织与人事能力、领导与沟通能力、控制与信息处理能力五大能力体系的内容和要求来编写,共包括25个项目。本教材可供各类高等职业院校开设的商贸财经专业大类使用,既可作为工商管理类专业课教材,又可作为财经、管理大类专业基础课教材。本教材具有以下特色:

(1) 以基层管理职业活动为导向,以综合管理关键能力为中心,以项目为载体,构建了知识学习和能力训练相结合的教学体系模块。

(2) 精简了理论篇幅,增强了对学生能力的训练。对于教材中的理论内容以够用为准,尽可能地精简,突出重点内容,补充最新理论。同时,增加了学生参与课堂教学活动的材料,强化了学生动口、动手、动脑能力。

(3) 大量增加了教材中的趣味阅读资料(如技能测试、管理游戏)。这些阅读资料真实而有趣,有利于学生对社会组织实际情况的了解并激发其兴趣,有利于学生练习时借鉴,教师亦可借助这些资料安排一些分析或训练。这是一种可使学生联系管理实际、拓展视野的训练方式。

(4) 选编了大量案例,加大了案例分析力度。案例分析是管理学教学联系实际的特色形式。本教材所选案例,均是典型且实用的、可供学生讨论与研究的案例。教师安排案例分析练习时,既可以采用由学生独立分析,再以书面作业完成的分散方式,也可以采用先分小组讨论,后到课堂上讨论的集中方式。其中,后一种方式主要用于对重点案例进行分析。

(5) 加入了项目实训，增强了实操练习。设置项目实训是本教材力求鼓励学生进行管理模拟实践的一种尝试。在使用教材“项目实训”时，可结合学生的实际情况和教学条件，创造性地拓展或设计更为理想的练习项目。

(6) 力求建立教材与高职高专教学改革相适应的成绩考核体系。打破“教师讲，学生记；背概念，考条条”的传统教学与考核方式，从教材上探索体现能力本位、鼓励创新的成绩考核体系。尽量少考，甚至不考纯概念解释题，多考理解型和应用型题型。特别是将运用理论分析解决实际问题的能力作为考核的中心内容。教材也体现了平时考核的考核方式，将课堂讨论、案例分析、项目训练纳入考核。

《管理能力基础》(第 3 版) 主要由谢平楼教授完成，但模块一管理基础能力由天津职业技术师范大学经济与管理学院李静老师重新编写完成。第 3 版修订的基本思路是：注重应用，注重培养管理能力，注重引入当前国内外管理学的最新研究成果和管理实践中发生的最新案例，以体现教材内容的时代性、科学性和实用性。具体修订特色如下：

第一，在理论知识体系方面，作者虽然仍以第 1 版、第 2 版的体系框架为基础，但吸收了当前国内外管理学的最新研究成果，围绕管理的五大通用能力（即管理基础能力、计划与决策能力、组织与人事能力、领导与沟通能力、控制与信息处理能力）展开，同时结合管理的新发展和高职高专学生对本课程的学习需要，对各个项目的学习目标、知识学习、能力训练等进行了充实和更新。例如，学习目标增加了“思政目标”，并更换了项目二十五。

第二，在案例选取方面，第 3 版密切结合目前世界尤其是中国经济社会的发展变化，选取了典型的管理案例，使读者能够更好地认识和理解当今管理的新变化及新趋势。

第三，在技能训练方面，第 3 版根据管理的实践加入了某些既实用又简单易学的量化分析方法，增强了本书的实际应用性。

在本教材第 3 版的编写过程中，作者参阅了国内外大量管理学方面的图书和网络资料，并引用了部分材料，由于篇幅所限没有一一注明出处，在此向有关作者表示诚挚的歉意。同时，本教材得到了郴州职业技术学院有关领导和教师的指导与帮助，在此一并表示感谢。

限于作者的水平，本教材中难免有不妥或疏漏之处，敬请广大读者和管理学界同行批评指正。

目 录

Contents |管理能力基础(第3版)|

模块一 管理基础能力

模块二 计划与决策能力

模块三 组织与人事能力

模块四 领导与沟通能力

模块五 控制与信息处理能力

模 块 一

管理基础能力

管　理　能　力　基　础

项目一　识别管理主体、管理客体及管理

项目二　认识管理的基本特征

项目三　区别与运用管理的基本方法

项目四　识别与运用古典管理理论

项目五　识别与运用行为科学理论

项目六　识别与运用现代管理理论

项目七　设计组织文化建设

项目一

识别管理主体、管理客体及管理

学习目标

知识目标

掌握管理主体、管理客体及管理的概念。

能力目标

能准确区分管理主体、管理客体。

思政目标

增强管理者的素养和能力。

案例导入 ▷▷

管理者是干什么的？

蒋华是某新华书店邮购部经理。该邮购部每天要处理大量的邮购业务。在一般情况下，登记订单、按单备货、发送货物等都是由部门的业务人员承担的。但在前一段时间，接连发生了多起A要的书发给了B，B要的书却发给了C这类的事，引起了顾客极大的不满。今天又有一大批书要发送，蒋华不想让这种事情再次发生。

思考与分析：

(1) 蒋华应该亲自处理这批书，还是仍由业务员来处理？为什么？

(2) 指出谁是管理者，谁是操作者。

知识学习 ▷▷

一、管理主体

(一) 管理主体的定义

任何组织都是由一群人组成的。组织成员可简单地划分为两类：操作者和管理者。

操作者是指在组织中直接从事具体业务，且对他人的工作不承担监督职责的人，如工人、教师、医生、营业员等。

管理者即管理主体，是指在组织中指挥他人完成具体任务的人，如厂长、校长、系主任、经理等。虽然他们有时也做一些具体的事务性工作，但其主要职责是指挥下属工作。

因此，管理者区别于操作者的一个显著特点是管理者由下属向其汇报工作。

（二）管理者的分类

按照管理者在组织中所处的地位不同，将管理者分为：

（1）高层管理者。对组织负有全面的责任，侧重于决定组织的大政方针，负责与外界联系和沟通。

（2）中层管理者。贯彻高层管理者所定的大政方针，指挥基层管理者的活动，注重日常事务的管理。

（3）基层管理者。直接指挥和监督现场作业人员，保证完成上级下达的各项计划和指令，关注具体任务的完成。

按照管理者在组织中所起作用和肩负职责的不同，将管理者分为：

（1）业务管理人员。对组织目标的实现负有直接责任，负责组织日常业务活动的计划、组织和管理。

（2）财务管理人员。从事与资金的筹措、预算、核算和投资、使用等有关活动的管理。

（3）人事管理人员。从事人力资源管理，如对人员的招聘、选择、培训、使用、评估、奖惩等工作的管理。

（4）行政管理人员。负责后勤保障工作。

（5）其他管理人员。组织中从事其他管理工作的人员。

（三）管理者应具备的基本条件

1. 品德

品德体现了一个人的世界观、人生观、价值观、道德观，是人们对待现实的态度和行为方式的指导。一名管理者应具备的品德有：良好的精神素质和强烈的管理意愿。

（1）良好的精神素质

① 奉献精神：管理者要有服务于社会，造福于人民的奉献精神，对事业执着追求，愿意为此牺牲个人利益。

② 实干精神：在组织的发展过程中，会遇到各种困难，会遇到强大的竞争对手，甚至会遭受挫折和失败，这就要求管理者具有百折不挠的拼搏精神和吃苦耐劳、艰苦奋斗的实干精神，只有这样才能战胜困难，取得胜利。

③ 合作精神：管理者的工作成效取决于他人的努力程度，管理主要是对人的管理，管理者要善于与人合作共事，善于团结群众、依靠群众。

④ 创新精神：面对复杂多变的管理环境，管理者要有创新精神。管理者要勇于开发新产品、开拓新市场、引进新技术、起用新人、采用新的管理方式，要勇于冒风险，没有一定的风险承受能力，是管理不好企业的，还会影响企业的生机和活力，影响企业的发展。

（2）强烈的管理意愿

管理意愿是决定一个人能否学会并运用管理基本技能的主要因素。现代行为科学研究认为，缺乏管理意愿的人是不可能敢作敢为、敢于承担工作责任的，因此也就不可能在管理的阶梯上捷足先登。只有树立起一定的理想，有强烈的事业心和责任感，人才会有干劲，勇挑重担，渴望在管理岗位上有所作为，有所贡献。

2. 知识

知识是提高管理水平和管理艺术的基础与源泉。由于管理是一门综合性的科学，涉及的学科知识很多。一般来说，管理者应掌握以下几方面的知识：

(1) 政治、法律知识。要掌握所在国家和执政党的路线、方针、政策，以及国家的有关法令、条例和规定，以便把握组织发展方向。

(2) 经济学、管理学知识。要懂得按经济规律办事，了解当今管理理论的发展情况，掌握基本的管理理论与方法。

(3) 心理学、社会学知识。要善于协调人与人之间的关系，以及调动员工的积极性。

(4) 工程技术方面的知识。例如，计算机知识、本行业科研及技术发展情况等。无论管理什么行业，都得有一定的专业基础知识。

3. 能力

能力指管理者把各种管理理论与业务知识应用于实践进行具体管理，解决实际问题的本领。能力与知识是相互联系、互相依赖的，基本理论和专业知识的不断积累与丰富，有助于潜能的开发与实际才能的提高，而实际能力的增长与发展，又能促进管理者对基本理论知识的学习、消化和具体运用。

管理者应具有三种基本的管理技能：

(1) 技术技能。指执行一项特定的任务所必需的能力。对于管理者来说，就是要掌握并运用各种管理技术（决策技术、计划技术、诊断技术等），并普遍熟悉和了解本部门及组织其他部门所从事的技术项目。

(2) 人际技能。与人共事，激励或指导他人的能力。人际技能是一个人以合适的方式与人沟通的能力，对于管理者来说，表达能力、协调能力和激励能力都是非常重要的。

(3) 概念技能。反映洞察既定环境复杂程度的能力和适应这种复杂性的能力。组织的生存与发展都和外界环境息息相关。环境复杂多变，作为管理者，需要快速敏捷地从混乱而复杂的环境中辨清各种因素之间的相互关系，抓住问题的实质，并根据形势和问题果断做出正确的决策。概念技能是最重要的也是最难培养的。

对于不同层次的管理者，由于其承担的主要职责不同，这三种技能各自的重要程度也不同。

(四) 管理能力的培养和提高

管理者如何才能获得上述能力，提高自己的管理技能呢？途径主要有以下两种。

1. 通过教育获得管理知识

一个管理者要获得管理上的成功，接受正规的管理教育是极为必要的。正规教育的好处是能使学生集中精力学习，熟悉关于管理方面的最新研究成果和各种不同的管理理论。近年来，我国高校的管理学院如雨后春笋般地不断涌现，管理专业吸引着越来越多的学生，许多其他专业也开设管理学课程，使管理学如同基础学科一样，成为学生的必修之课。许多有实践经验的管理者通过系统的理论学习和再教育，开阔了眼界，丰富了知识，管理的能力和水平有了进一步提高。

2. 通过实践活动提高管理技能

实践是提高管理技能的最有效方法。一个人即使把管理的理论、原则、方法背得滚瓜烂熟，也不一定能成为一名成功的管理者，只有通过实践，面对各种问题、压力和各种严峻的考验，才能进一步深化书本知识，促使管理者对管理问题作深入的探索，以获得全面、具体的管理技能。

通过实践培养管理人员的方法如下：

(1) 管理工作扩大化。即从横向扩大管理者的工作范围，进行职务轮换，使管理者全面了解本组织各有关职务的管理知识，全面提高管理能力。

(2) 管理工作丰富化。即从纵向扩大管理者的工作范围，通过职务的升降来扩大工作范围，提高管理者的管理能力。

(3) 设立副职或助理。主管人员可充分发挥“传、帮、带”的作用，以实际行动去影响和训练副手，也可通过授权方式考察下属的管理能力，使其对管理工作有亲身感受。

(4) 案例讨论会与管理研讨会。

(5) 拓展训练。用于培养管理者自我认识和与人相处的能力。

(6) 计算机模拟训练。把实际管理情境输入计算机，通过计算机来模拟练习如何处理各种实际的管理问题。

二、管理客体

管理客体即管理对象，是进入管理主体活动领域的人或物，是管理活动不可缺少的因素。管理活动的内容就是由管理客体决定的。

(一) 管理客体的形式

管理客体是什么，在管理科学中存在着不同的看法。国外较早的管理理论认为，管理的客体是人、财、物三种形式。后来，有些管理学家指出，管理客体中人、财、物固然是很重要的，但还不完全，主张再加上时间和信息，认为管理者没有时间观念，没有足够的信息，是无法进行管理的。因此，时间和信息也是重要的管理客体。于是，管理客体由三种形式扩大为五种形式，形成管理客体“五因素说”。最近有的学者又提出管理客体“七因素说”，强调管理者还要注意士气，注意管理方法，所以，管理客体还应包括士气和方法。此外，现在还有人把管理客体分得更为详细、具体。

1. 人、财、物是管理客体的基本形式

从管理哲学的角度看，把管理客体相对地区分为人、财、物三种形式是比较合理的。因为人、财、物是一切社会活动所必需的三种因素，缺一不可。管理，在一定意义上说，也就是充分利用人力、物力和财力，把工作做得更好。

人是社会管理的第一类客体。人是社会的细胞，是一切社会财富的创造者。只有管理好了人，充分调动人的主动性、积极性和创造性，才能推动社会生产的发展，促进社会不断进步。因此科学地管理人，做到人尽其才，才尽其用，是社会管理的中心任务，是提高整个管理效益的关键。

第二类管理客体是物。广义的物泛指世界上一切客观存在的事物，不仅财是物，人也是物，是一种社会存在物。在这个意义上，物是人、生产资料、生活资料的总称。在管理学中，作为管理客体的物，是同人、财相并列的客观事物，主要指生产资料，指生产力中的物的因素。它包括工具、设备、材料等等。

第三类管理客体是财。即资金或物质资料的价值表现。财务管理是一个组织特别是经济组织的重要管理项目之一。人们常讲，当家理财，少花钱，多办事，指的就是财务管理。管理财务，包括科学地生财、聚财、用财，开源节流，提高经济效益等。

在社会管理活动中，虽然人、财、物可以分别作为三种不同形式的客体同管理主体发生联系、相互作用，但实际上，对于一个组织、企业来说，人、财、物从来都是不可分割的，它们作为一个具有内在联系的有机整体同管理主体发生作用。任何一个成功的管理主体，他并不只是把眼睛盯在组织中人、财、物的哪一个部分，而是把它们当作相互影响、相互制约的系统看待。当他着手解决某一部分时，同时考虑到它和其他因素的相互作用及可能产生的后果。

2. 管理的根本是对人的管理

应当着重指出的是，在管理客体系统中，人是最主要的。管理，归根结底是对人及其行为的管理。

这是因为，人是生产力和整个管理中最活跃、最能动、最积极的因素。组织活力的源泉在于脑力和体力劳动者的积极性、智慧和创造力。十分明显，财和物之所以能够成为管理客体，是因为有人。财和物都是人所创造并被人用于生产和生活中去的。只是由于人的活动和满足人们的需要，财和物才作为社会系统的组成部分，成为一种社会现象。没有了人，财、物就失去了客体的属性。

对财和物的管理是通过人来实现的。没有对人的管理，就谈不上对财和物的管理，对财和物管理的效果取决于管物理财的人的积极性。所以，任何单位的主管人员，他的首要的任务是对人的管理，通过对人的组织、领导和控制实现对财、物的科学管理。因此，做好人的工作，调动人的积极性，是管理的根本任务。

（二）管理客体的属性

在管理活动中，管理主体是主导因素。在整个管理活动中起着积极的、能动的作用。但是，管理主体的积极性和能动性必须表现在对管理客体的认识和作用上。因此，正确地了解管理客体及其特性，是管理主体发挥积极的、能动的作用的重要前提。

1. 管理客体的客观性

首先，管理客体具有客观性，它是不依赖于管理主体的意志而独立存在的。它在管理主体的意识之外，有着自己的特性和活动规律。无论管理主体喜欢还是不喜欢它，它都以其本来的面目存在着，按照固有的规律运动着。

财和物是管理客体中的物质因素，其客观性是不言而喻的。任何一个管理者，在他从事管理活动时，都需要面对既有的财、物状况。那些技术条件、生产设备、生产材料和资金状况等，都是客观存在着的。一切管理活动，都必须从这些客观存在着的事实出发，必须承认它、尊重它，按照它的客观规律去管理。如果管理主体无视这些事实，仅凭想当然办事，其结果，只能导致管理活动的失败。

作为管理客体的人，也是客观的。虽然人的一切活动都是有目的、有意识的，但这丝毫不影响人作为管理客体的客观性。

应当着重指出的是，人作为管理客体并不只是以其生物机体的面目出现的，而是包括人的思想观念、工作作风、行为准则诸因素在内。这些因素是管理客体的主观精神，但对于管理主体来说，也是一种客观存在，具有不以管理主体的意志为转移的客观性。这是因为，管理的目的总是要通过管理客体去实现。管理客体的思想观念、工作作风、行为准则如何，直接影响到管理活动的效果。同时，管理客体的思想观念、工作作风、行为准则，又不是自发形成的，它需要管理主体倡导、培植和身体力行。在每个组织、企业中，形成一种良好的“组织气候”“企业文化”，可以使组织、企业成员养成开拓、进取、尊重科学、实事求是的思想作风，使组织、企业充满融洽和谐、蓬勃向上的心理气氛。这种“组织气候”“企业文化”一旦形成，就会于潜移默化中发挥凝聚全体劳动者的意志和力量的作用，即使管理主体更换，管理方式改变，这种思想和作风也会代代相传，成为组织和企业的风格和传统。

2. 管理客体的可管理性

管理客体是客观的（具有客观性），是可管理的（具有可管理性）。管理客体的这种可管理性，是它成为管理客体的根本标志。如果对象是客观的，但是不可管理，那它就无法同管理主体发生功能联系，就不能进入管理活动领域，成为管理的对象。

管理客体的可管理性并不是某种先天固有的属性，而是在管理活动中获得和表现出来的属性。只有当某人或某物同管理主体建立起对象关系，成为主体活动的现实客体，才能从活动中获得管理客体的属性。

管理客体的可管理性取决于它本身的客观规律性。一切管理客体之所以是可管理的，就在于它们作为一种客观实在，具有一定的客观规律，它的存在和发展并不是完全任意的、随机的，而是遵循某种规律进行的。这才使人们有可能把握它们的现状和趋势，从而进行科学管理。那些不可捉摸的所谓“客观精神”“绝对理念”，那些杂乱无章、毫无秩序和必然性的东西，人们是无法进行有效管理的。

管理客体的可管理性还取决于管理者的主体能力。因为客体的规律需要主体去认识，只有当管理主体正确地把握了人或事物的规律时，他才能够把这些人或事物作为管理的客体加以管理。反之，管理主体由于知识水平、活动能力及物质手段的限制，对于人或物的规律茫然无知，那么，这些人和事物的规律就只能是作为一种盲目的力量而起作用。对于管理主体来说，或者根本没有意识到某人、某物在自己管理活动中的重要性，没有将它们作为客体来对待，或者虽然看到这些人或物的重要性，但在这些客体面前束手无策，任其发展和变化。换句话说，这些人或物还没有真正获得管理客体的属性，只是作为一种自在之物存在着。

管理客体的可管理性表明，在管理活动范围内，主体和客体是相互依存、互为前提的。就是说，没有管理主体，就没有管理客体；反之，没有管理客体，也就没有管理主体。从总体上来说，管理主体对于管理客体具有能动性，管理主体的活动和力量达到什么程度和范围，就有相应的人或物获得可管理性，成为管理客体。当然，管理主体的一切活动，又是以承认人或物的客观存在并具有可知性和潜在的可管理性为前提的。

管理客体的可管理性还表明，管理客体是变化的，具有社会历史性。因为，管理客体的可管理性在一定程度上取决于管理主体的能力，而管理主体的能力又是随时代的发展、人类的进步、各种工具的发明和使用而不断变化的。人类的认识是一个由不知到知、由知之不多到知之较多的不断深化的过程，人类的能力是由小到大不断提高的。因此，许多在历史上不可认识、无法管理的对象，现在已经被认识，可管理了；原来是凭直觉或感性经验自发管理的客体，现在变成了科学管理的对象。人类社会的历史，在某种意义上就是在主客体相互作用中，不断从必然走向自由的历史。

3. 管理客体的系统性

按照系统论的观点，物质世界皆成系统。这一点对于了解管理客体具有特殊的意义。管理客体从来都不是某一孤立的事物（它本身也是一个系统），而是由多种成分构成的复合体，是由人和物以及直接环境这些基本因素组成的一个处于变化中的人工开放系统。例如，工厂就是一个经常处于变化过程中的有机体，即一个开放的系统。它由人、物资、设备、能源、钱财等要素（部分）构成。厂长的职责在于科学地协调各部分的关系，促使整个工厂有序地运转，从而获得最佳的生产效率。不仅工厂是如此，一切管理客体都是这样。大至社会、国家，小到车间、班组，都是系统。不管管理主体认识不认识，承认不承认，管理客体都是作为系统而存在和运动、变化的。因此，要进行科学的管理，就应该对管理客体的一切方面和联系进行全面的研究和系统的分析，包括各个部分之间的关系，以及各个部分与整体之间的关系。如果没把握好这些关系，实际上就是没有真正认识客体，管理上就难免会发生失误。

具体地说，认识到了管理客体的系统性，对管理客体的分析就与以前那种“只见树木不见森林”的分析不同，管理主体可以把管理客体的整体作为认识和管理的主要对象，着眼于整体的功能。比如，处理一件事，首先从整体功能出发，提出目标；然后以此为前提，考虑整体与各子系统的关系，努力实现目标。管理客体的系统性还要求管理主体重视管理客体的结构问题。系统的要素是通过结构而组成整体的。任何管理客体都具有一定的结构，一个较大规模或较为复杂的管理客体的结构，通常是多层次的。这种结构是使管理客体正常运转和获得一定效率的“组织”保证。而且，客体的结构与其功能有着直接的联系。所以，按照一定的目的，改变管理客体的结构，调整人与人、人与物、物与物之间的组合方式，使之有机配合，取得大于部分功能之和的整体功能，就是非常重要的管理工作。

最后，管理客体的系统性，还要求管理主体在动态中调整整体与部分之间的关系，使部分的功能目标服从总体目标，从而使总体得到优化。也就是说，如果一个方案，从局部看效益很好，但从总体、全局看效益并不好，那么这个方案就是不足取的；反之，如果一个方案，从局部看并不好，但从整个系统来看，这个方案是可取的，那么这个方案就是好的。这就是系统的优化思想。

三、管理

（一）管理定义的多样化

管理学者和相关组织从不同的角度和侧重点，提出了关于管理的定义。

- 管理是一门怎样建立目标，然后用最好的方法经过他人的努力来达到的艺术（泰勒）。

- 管理就是计划、组织、协调、指挥、控制（法约尔）。
- 管理就是决策（西蒙）。
- 管理就是协调活动（韦泊）。
- 管理是通过他人的努力来达到目标（美国管理协会）。

(二) 本教材的定义

管理即管理主体作用于客体的过程，就是通过计划、组织、领导和控制，协调以人为中心的组织资源与职能活动，以有效实现目标的社会活动。它体现了以下意思：

(1) 管理的目的是有效实现目标；

(2) 实现目标的手段是计划、组织、领导和控制；

(3) 管理的本质是协调；

(4) 管理的对象是以人为中心的组织资源与职能活动。

能力训练 ▷▷

一、复习思考

(1) 什么是管理？为什么要学习管理？

(2) 管理者应具备哪些能力？

(3) 管理客体的属性是什么？

二、案例分析

中层管理者的品德、知识与能力

不同组织（单位）的中层管理者的素质与技能因其管理层次的相同而有一定的统一性，但不同性质组织的中层管理者的素质与技能又有较大的差异。比如生产企业或职业技术学院的中层领导（营销部经理或系主任），他（她）应该具有的品德、知识与能力又是不一样的。

问题：说一说他（她）们品德知识与能力的相同性与差异性。

三、技能测试

你是否具备管理能力？

今天你穿了件自认为非常得体的衣服却遭到众人的非议，你会怎样做？

(1) 立即想换掉。

(2) 明天再换掉。

(3) 明天接着穿。

(4) 以后再也不穿。

解析：

（1）你注重他人对自己的看法，相信团队的力量是事业成功的核心，对别人的指正能够快速接纳并付诸实践，但你的随从意识过强往往会使企业管理陷入困境。

（2）你能善意地接受他人的意见，并会结合自我观点冷静思考，你做事要求有说服力，能够为员工提供更多的发展机会，是位让人信服的出色管理者。

（3）在商业竞争中你能够雷厉风行、抢夺商机，但做事易独断专行的你不愿接受任何不同于己的意见，这不免会造成企业内部管理上的瘫痪。记住“主外还得能安内”！

（4）你有为事业成功甘愿放弃一切的革命精神，作为管理者你为人处事力求完美，因此自己与他人倍感劳累，长此以往不免会造成团队中优秀员工的流失。

四、管理游戏

个人发展盾形图

形式：先以个人形式完成，而后再以五人一组的形式进行交流。

类型：个人成长发展类及管理能力开发类。

时间：20分钟。

材料及场地：个人发展盾形图表，空地。

适用对象：全体参加管理学习的学生。

活动目的：对自己有一个更清晰的认识，从而了解自己在个人发展方面的真正需求。

操作程序：

（1）发给每位学生一张“个人发展盾形图表”；

（2）让每位学生在十分钟之内把答案以图画的形式画在相应的格中；

（3）十分钟之后，大家都画完时，就安排大家进入小组，而后在小组中进行交流。

相关讨论：

（1）这个练习是否能帮助你增强对自己的认识？

（2）与小组成员讨论的过程中，在哪些方面受到启发？

“个人发展盾形图”操作指导：

以图画的形式在盾形图中作相应的回答：

第一部分：描绘出你作为一名领导者的最大优势是什么。

第二部分：描述你打算从哪些方面着手提高你的管理水平。

第三部分：描述是什么动力推动你迈向成功的。

第四部分：你打算向哪一位著名的领导人学习。

第五部分：画一幅能够说明你的重要价值的图画。

第六部分：画一幅能够说明你如何对压力做出反应的图画。

第七部分：描绘出你个人的十年发展前景。

五、项目训练

自我心理突破——跨越难堪

实训目标:

(1) 培养在众人面前敢于讲话的能力;

(2) 克服心理障碍,增强自信和勇气。

实训内容与形式:

(1) 根据实训目标要求与学生的特点,选择设计训练项目。必须是在众多陌生人面前作宣讲或表演。

(2) 既可以小组为单位,每组 6～8 人,由学生推荐的组长主持;也可以全班集中进行。但每个人都必须当着陌生人公开宣讲。

(3) 由班级主持人或组长组织进行心理突破实地践行,并做出详细记录(有条件的可采用录像的形式)。

项目二

认识管理的基本特征

学习目标

知识目标

认识管理的三个基本特征。

能力目标

能分辨管理的三个基本特征的差异与联系。

思政目标

提高对管理的基本特征的本质的认识。

案例导入 ▷▷

保密工资制度

保密工资制度起源于西方资本主义早期，资本家为了降低企业人力资源成本而采取与员工逐一谈判工资的办法来确定每一位员工的工资标准，并且为了防止因工资攀比造成部分员工心理不平衡而出现不稳定情绪，实行谈判工资制的企业不仅不公开员工的工资情况，而且禁止员工相互打听、谈论工资，如有违反将做出处罚。保密工资制度为资本主义企业的发展做出过重大贡献，美国等西方国家的许多企业目前仍在实行保密工资制度。改革开放后，我国部分民营企业也借鉴过西方的保密工资制度，但我国国有企业没有采用过保密工资制度，而是一直沿用公开工资制度。

思考与分析：为什么美国等西方资本主义国家的大量企业实行保密工资制度而我国国有企业不实行？

知识学习 ▷▷

管理的特性或特征是指管理所特有的性质或特殊的品性、品质遗传特性。管理具有以下三种基本特征。

一、管理的自然属性和社会属性（二重性）

管理具有自然属性和社会属性。管理的自然属性是指，管理所具有的有效指挥共同劳动、组织社会生产的特性。它反映了社会化大生产过程中协作劳动本身的要求。管理的社会属性是指，管理所具有的监督劳动、维护生产关系的特性。它反映了一定社会形态中生产资料占有者的意志，是为一定的经济基础服务的，受一定的社会制度和生产关系的影响和制约。

学习和掌握管理的二重性，有利于深入认识管理的性质，既可学习借鉴国外先进的管理思想和方法，又可结合新时代中国特色社会主义的实际情况，因地制宜地学习和应用管理理论。

二、管理的科学性和艺术性

管理的科学性表现在：管理活动的过程可以通过管理活动的结果来衡量；可以采用行之有效的研究方法和研究步骤来分析问题、解决问题。管理的艺术性表现在管理的实践性上，在实践中发挥管理人员的创造性，并因地制宜地采取措施，为有效地进行管理创造条件。

管理的科学性和艺术性是相辅相成的，对管理中可预测可衡量的内容，可用科学的方法去测量；对管理中某些只能感知的内容以及某些内在特性的反映，则无法用理论分析或逻辑推理来估计，但可通过管理艺术来评估。最富有成效的管理艺术来源于对它所依据的管理原理的理解和丰富的实践经验。

三、管理的普遍性和共同性

管理的普遍性表现为管理活动是协作活动，涉及人类社会每一个角落，它与人们的社会活动、家庭活动以及各种组织活动息息相关。从人类为了生存而进行集体活动的分工和协作开始，管理便产生了。管理的普遍性决定了它所涉及的范围。

管理的共同性表现为管理任务就是要设计和维持一种系统，使在这一系统中共同工作的人们，能用尽可能少的支出（包括人力、物力、财力、时间以及信息），去实现他们预定的目标。管理和管理人员的基本职能是相同的，包括计划、组织、人员配备、指导与领导、控制。管理人员所处的层次不同，则在执行这些职能时各有侧重。例如，上层主管（如医院护理部主任）比基层主管（如病房护士长）更侧重于计划职能，但他们都需要为集体创造一种环境，使人们在其中可以通过努力去实现他们的目标，这便是他们共同的任务，即管理的共同性。

能力训练 ▷▷

一、复习思考

(1) 为什么说管理是科学，也是艺术？

(2) 根据管理的二重性（自然属性和社会属性）谈谈如何学习、引进国外先进的管理理论、技术和方法。

二、案例分析

发放年终奖金的故事

一个蒸蒸日上的公司，2020 年因为新型冠状病毒肺炎疫情而营业利润大幅度下滑。马上就要过年了，往年的年终奖金最少加发两个月工资，有时候发得更多，这次可不行，算来算去，只能多发一个月的工资作为奖金。按常规做法，实话告诉大家，很可能会引起士气下滑。总经理灵机一动，想出一个主意……没过两天，公司传来小道消息——“由于经营不佳，年底要裁员”。顿时人心惶惶，但是总经理却宣布：“再怎么艰苦，公司也绝不愿意牺牲同甘共苦的同事，只是年终奖可能无力发放了。”总经理的一席话使员工们放下心来，只要不裁员，没有奖金就没有吧，人人都做了过个穷年的打算。除夕将至，总经理宣布：“有年终奖金，整整一个月工资，马上发下去，让大家过个好年。”整个公司大楼，爆发出一片欢呼声。

与其因最好的期盼，造成最大的失望，不如用最坏的打算，引来意外的惊喜。同样是发一个月的奖金，常规做法可能会打击士气，换一种做法却激励了士气，这就是管理的艺术，许多管理方法和技巧都是一种艺术。

问题：发放年终奖金的故事说明了什么？

三、技能测试

你能当老板吗？

测试导语：

很多打工族都把自己创业当老板，作为人生职场奋斗目标，无论是刚从学校毕业进入就业市场的年轻人，还是在社会上打滚多年的上班族，都希望拥有一份属于自己的事业。当老板可不是一件容易的事，先来测评一下：你是否适合创业？你有多少创业潜力？

测试题：

(1) 你是否曾经有了某个理想而设下两年以上的长期计划，并且按照计划进行直到完成？

(2) 在学校和家庭生活中，你是否能在没有父母及师长的督促下，就可以自动地完成分派的工作？

(3) 你是否喜欢独自完成自己的工作，并且做得很好？

(4) 当你与朋友们在一起时，你的朋友是否常寻求你的指导和建议？你是否曾被推举为领导者？

(5) 求学时期，你有没有赚钱的经历？你喜欢储蓄吗？

(6) 你是否能够专注地投入个人兴趣连续 10 天以上？

(7) 你是否有保存重要资料，并且整理得井井有条，以备需要时可以随时提取查阅的习惯？

(8) 在平时的生活中，你是否热衷于社会公益事业？你关心别人的需要吗？

(9) 你是否喜欢音乐、美术、体育以及各种活动课程。

(10) 在求学期间，你是否曾经带动同学，完成一项由你领导的大型活动，譬如运动会、歌唱比赛等。

(11) 你喜欢在竞争中看到自己表现良好吗?

(12) 当你为别人工作时，发现其管理方式不当，你是否能想出适当的管理方式并建议其改进?

(13) 当你需要别人帮忙时，是否能充满自信地提出要求，且能说服别人来帮助你?

(14) 你在募款或义卖时，是不是充满自信而不害羞?

(15) 当你要完成一项重要的工作时，你是否总给自己足够的时间仔细思考，而绝不会在匆忙中草率完事?

(16) 参加重要聚会时，你是否准时赴约?

(17) 你是否有能力安排一个恰当的环境，使你在工作时能不受干扰、有效地专心工作?

(18) 你交往的朋友中，是否有许多有成就、有智慧、有眼光、有远见、老成稳重型的人物?

(19) 在你工作或学习的团体中，你是受欢迎的人吗?

(20) 你自认是个理财能手吗?

(21) 你是否可以为了赚钱而牺牲个人娱乐?

(22) 你是否总是独自挑起责任的担子，彻底了解工作目标并认真地执行工作计划?

(23) 在工作时，你是否有足够的耐心与耐力?

(24) 你是否能在较短的时间内，结交许多新朋友?

评分标准：

以上每题的判断，答“是”得1分，答“否”则计0分，统计你所得的分数。

测试结果：

(1) 总分为0～5分：目前你并不适合自行创业，应当训练自己为别人工作的劳动技能。打工的磨练或许可以开发你的更多潜能。

(2) 总分为6～10分：你应在别人的指导下去创业，才有创业成功的机会。创业意味着要用心去经营一份属于自己的事业。但同时，你要更加坚定自己创业的信念。

(3) 总分为11～15分：你非常适合自己创业，但是在所有“否”的答案中，你必须分析出自己的问题并加以纠正。作为创业人才，你在创业的过程中要学会规避风险、转移风险、补偿风险、抑制风险、评价风险、预测风险和管理风险。

(4) 总分为16～20分：你个性中的特质，足以使你从小事业慢慢开始，从小事的妥善处理中获得经验，成为成功的创业者。

(5) 总分为21～24分：你有无限的潜能，只要懂得掌握时机和运气，你将是未来的商业成功人士。

四、管理游戏

正方形带来的学习

在培训课堂上，老师拿出这样的一个图挂在白板上（如图 2-1 所示），同时问大家：“请大家看一下这张图，这张图上有多少个正方形？”

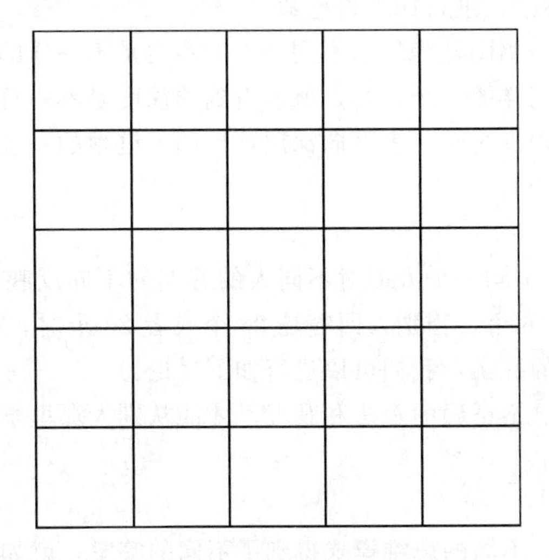

图 2-1 正方形图

这时候大家都非常认真地看，同时有人开始大声地说出自己的答案。

你的答案是多少，从这样的一个活动中我们能够学到什么？

（希望大家能够讨论一下，发表一下自己的看法。）

讨论学习之一

有人说是 16 个，有人说是 25 个，也有人说 26 个，还有人说 30 个。

到底多少个呢？标准答案是 30 个。

你的答案是多少个？你是答对了，还是答错了？你认为这个问题的标准答案重要，还是你自己的那个 16、25、29、26 重要呢？

当然是标准答案重要。比如，高考的时候你的答案与标准答案不一样就是错误，虽然你有你的理解，你不按照标准答案答题你就不能得分，不得分就不能上大学。在企业里也是一样，公司有公司的规章制度，这个是标准答案，所有的人都必须遵守，不然你就是错的。公司的规章制度就像一个红红的火炉一样摆在大家面前，大家都知道这个东西是不能碰的，谁碰烫谁，哪里碰到就烫你哪里。有标准答案的问题非常清楚，非常明白，对错黑白非常分明。但是，今天要讨论的不是这种有标准答案的问题。

在我们的生活当中，有更多的问题是没有标准答案的，没有固定的答案，比如说什么叫幸福，什么是机遇，什么样的企业是一个好的企业，什么样的同事是一个好同事，什么样的工作是快乐的工作……这类问题可以说是“仁者见仁，智者见智”，不同的人有不同的答案。对于这种没有标准答案的问题来说，你自己的答案对你个人来说就是最为重要的，因为你个人对这个问题的答案、你个人的认识能够直接影响到你。比如，你看到目前投资饲料行业是个好机会，你就立即着手去做，结果你成功了，就像新希望集团的刘永好一样。如果你不认为这是个好的机会，那么你还是昨天的你，没有变化。所以对于没有标准答案的问题来说，你个人的答案对你自己来说是最为重要的。但是我们个人的答案，也就是个人的认知不一定正确，如何使自己的认知更加客观正确呢？

这就需要我们学习，在实践中学习。

讨论学习之二

（针对大家的不同答案，进行如下讨论：）

大家看的是同样的一幅图，为什么不同的人的答案是不一样的？

因为我们每个人看同样的一个事物，所能看到的深度是不一样的，能看出16个和25个这本身就是很大的区别。这是从表面向深层迈出的关键性的一步。所以我们要认识到自己的局限性。

讨论学习之三

（针对在回答的过程中同一个人面对不同人的答案的不同反映，比如当老师的问题一提出来就有人立即回答16个，当别人回答是25个或者26个时，他们赶快放弃自己原来的答案，立即去寻找新的答案，我们可以进行如下讨论：）

人需要随时放弃自己不正确的看法和观点，才能从别人那里学到知识，学会放弃也是一种进步。

讨论学习之四

在这个看图游戏中，不同的思维模式得到了不同的答案，就如我们的心智模式，如果按照常规的思考方法去寻找答案，在规定的时间内找到的答案会不同。所以我们在做这个游戏时可以尝试着改变自己的心智模式，去寻找答案。

项目三

区别与运用管理的基本方法

学习目标

知识目标

了解行政方法、经济方法、法律方法、社会心理学方法等基本管理方法的特点；掌握管理的各种基本方法的内容。

能力目标

区分管理的各种基本方法的差异和适用领域；初步会运用管理的基本方法。

思政目标

在运用管理的基本方法时学会辨证思维。

案例导入 ▷▷

管理方法的运用

2021年7月的一天，某洗衣机有限责任公司公布了一则处理决定：由于某质检员责任心不强，造成洗衣机选择开关差错和漏检，对其处以100元罚款。

这位员工作为最基层的普通员工承担了她所应该承担的工作责任。但是，从这位员工身上反映出的质保体系上存在的问题，即如何防止漏检的不合格品流入市场，这一责任也应该落到实处，找到相关责任人。这位员工问题的背后，实际还存在着更大的隐患。毕竟当时的洗衣机有限责任公司的产品开箱合格率低，社会返修率高，与品牌洗衣机还有很大的差距，这一切绝不是这位员工一个人造成的，体系上的漏洞使这位员工的“偶然行为”变成了“必然”。既然如此，根据公司的管理制度，掌握全局的上级主管更应该承担相应的管理责任，这位员工的上级——洗衣机有限责任公司质量检验部经理被罚款200元并向公司总经理做出书面检讨，取消当年度评先评优资格。

思考与分析：从案例中能找出几种管理方法？为什么？

知识学习 ▷▷

一、管理方法的概念与分类

(1)管理方法的概念

管理方法是指用来实现管理目的的手段、方式、途径和程序的总和，也就是运用管理原理来实现组织目的的方式。任何管理都要选择、运用相应的管理方法。说起管理方法，人们很容易想起密密麻麻的数字和符号构成的数学模型、烦琐复杂的逻辑运算和形形色色的计算机，因而使人望而生畏，觉得高不可攀。其实，数学方法只是思维逻辑的一种形式，计算机是提供信息、进行运算的一种辅助性工具。数学方法和计算机只是管理方法的一个部分、一个方面或一种类型，并不是管理方法的全部。

(2)管理方法的分类

管理方法的七种分类标准如表 3-1 所示。

表 3-1 管理方法的分类

分类标准	划分出的具体方法
方法作用的原理	经济方法、行政方法、法律方法和社会心理学方法
方法适用的普遍程度	一般管理方法和具体管理方法
方法的定量化程度	定性管理方法和定量管理方法
运用技术的性质	管理的软方法（指主要靠管理者主观决断能力的方法）和硬方法（主要指靠计算机、数学模型等的数理方法）
管理对象的范围	宏观管理方法、微观管理方法
方法所应用的社会领域	经济管理方法、政治管理方法、文化管理方法、军事管理方法
管理对象的类型	人事管理方法、物资管理方法、财物管理方法、信息管理方法、时间管理方法

二、四大基本管理方法的比较

四大基本管理方法的比较如表 3-2 所示。

表 3-2 四大基本管理方法的比较

方 法	内 容	特 点	主要形式
经济方法	指依靠利益驱动，利用经济手段，通过调节和影响被管理者物质需要而促进管理目标实现的方法	(1)利益驱动性； (2)普遍性； (3)持久性	价格、税收、信贷、经济核算、利润、工资、奖金、罚款、定额管理、经营责任制等

续表

方法	内容	特点	主要形式
行政方法	指依靠行政权威，借助行政手段，直接指挥和协调管理对象的方法	(1) 强制性； (2) 直接性； (3) 垂直性	命令、计划、指挥、监督、检查、协调、仲裁等
法律方法	指借助国家法律、法规和行业规章，严格约束管理对象为实现组织目标而工作的一种方法	(1) 高度强制性； (2) 规范性	国家的法律、法规；行业的规章等
社会心理学方法	指借助社会学和心理学原理，运用教育、激励、沟通等手段，通过满足管理对象社会心理需要的方式来调动其积极性的方法	(1) 自觉自愿性； (2) 持久性	宣传教育、思想沟通、各种形式的激励等

能力训练 ▷▷

一、复习思考

(1) 什么是行政方法、社会心理学方法？比较两者的特点和表现形式。

(2) 什么是经济方法、法律方法？比较两者的特点和表现形式。

二、案例分析

“破窗效应”的逆向运用

一个公共厕所的环境很糟糕，清洁员怎么打扫都徒劳无功，每次都是打扫完过不了多久，厕所又会变得很脏。后来清洁员也就慢慢地灰心起来，不再好好打扫了。有一天，一个学者经过，给清洁员说了一个方法，开始清洁员不相信，学者说“信不信等做完再说”。后来，出人意料的是，清洁员用了这个学者的方法后，厕所的卫生状况果然得到了改善，很少再有低素质行为发生了。原来，学者让这位清洁员弄了三盆鲜花，将厕所打扫干净后把鲜花放进厕所，营造出一个干净温馨的环境。在这样一个氛围里，大家谁也不忍心去故意破坏，所以结果自然让清洁员喜出望外。这就是“破窗效应”的逆向运用。“破窗效应”说的是这样一个故事。美国斯坦福大学教授菲利普·津巴多于1969年进行了一项实验，他找来两辆一模一样的汽车，把其中的一辆停在干净美丽的中产阶级社区加州帕洛阿尔托区，而另一辆停在相对杂乱的贫民区纽约布朗克斯区。停在布朗克斯的那辆，他把车牌摘掉，把顶棚打开，结果当天就被偷走了。而放在帕洛阿尔托的那一辆，一个星期也无人理睬。后来，津巴多用锤子把停在帕洛阿尔托的那辆车的玻璃敲了个大洞。结果呢，仅仅过了几个小时，它就不见了。这项实验得出如下结论：如果有人打坏了窗户的玻璃，而这扇窗户又得不到及时维修，其他人就可能去模仿去打烂更多的窗户。久而久之，这些破窗户就给人一种无序的感觉，结果在公众这种麻木不仁的氛围中，窗户更脏更烂了。

问题：

(1) 清洁员用了什么管理方法？

(2) 说说这一管理方法的特点。

三、技能测试

假如你真正了解了与管理工作有关的事项，是否仍想从事管理工作？自测一下，回答它。

测验一：变化

假如你已知道你的生活将发生如下变化，是否仍能愉快地从事管理工作？

(1) 你将越来越多地涉及管理，而和技术的联系越来越少。

(2) 一旦决定搞管理，就不能半途而废。即使你想再去搞技术，也是办不到的，因为技术的发展太迅速了。

(3) 你将从一个有把握的领域，转向一个无论从可利用的人力还是工作条件都无把握的领域。

(4) 你必须扩大知识面和兴趣范围，丝毫不能将兴趣集中于一点或致力于一个专业。

(5) 你必须放弃你在专业上取得的成绩，而为自己能渐渐支配更多的人，组织越来越多的活动及能够帮助其他专业人员取得成功而感到满足。

测验二：兴趣

(1) 如果让你选择不同于现在工作的一个职业，你喜欢做：

A. 医生　　B. 勘探员

(2) 你喜欢读哪一方面的书？

A. 地理学　　B. 心理学

(3) 你喜欢怎样度过一个夜晚？

A. 做新家具　　B. 和朋友做游戏

(4) 如果某人耽误你的时间，你会怎样？

A. 总是很耐心　　B. 往往会发火

(5) 你喜欢做哪件事？

A. 会见陌生人　　B. 看展览

(6) 你喜欢别人称赞你：

A. 善于合作　　B. 足智多谋

(7) 每样东西都有放处且各就各位，这对你：

A. 很重要　　B. 不怎么重要

(8) 如果你强烈反对某个人，你会怎么做？

A. 力求最大的统一，使争论最少。

B. 将在价值、原则及政策上的分歧争论个水落石出。

(9) 你是否能容易地放下正在阅读的一个很有趣的故事？

A. 能　　B. 不能

(10) 在一出戏中，你喜欢演哪个角色？

A. 富兰克林

B. 约瑟夫（政治家）

C. 查理斯·凯特玲（工程师，电机的发明人）

测验三：适应

(1) 你做出的从事管理工作的决定，是否与你的能力、兴趣、品质、个性和目标相一致？是否能比你从事技术工作更加能够施展你的才能？

(2) 你是否具有从事管理工作的较强的能力和必要的条件？你是否期待将来投身于管理工作？

(3) 你肯定管理工作能使自己得到个人心理上的更大满足吗？

(4) 你是否对本企业的情况有全面的了解？你熟悉自己所在企业的不同部门的不同要求和不同管理方法吗？你是否能很容易地从一个部门转到另一个部门？

(5) 你已确立了今后 5 到 10 年的奋斗目标了吗？你肯定现在的工作更能达到你的目的吗？你意识到在管理阶层中，存在更强有力的竞争吗？你肯定自己能充分地正视这些竞争吗？

(6) 你是否更注重人而不是工作？你喜欢和别人一起工作吗？你能很容易地找到合作者吗？你自愿帮助别人吗？

(7) 你的同事和朋友认为你友好和随和吗？假如你已意识到帮助别人时会牺牲个人利益，是否仍愿意这样做？你的朋友请教你吗？你愿意得到别人的帮助吗？

(8) 你能在变化莫测的情况下灵活处事，在一时混乱的情况下泰然处之吗？当所有的情况都不能如愿以偿时，你仍能快乐吗？当对自己决定的后果尚无把握时，你觉得烦躁不安吗？

(9) 你是否觉得信任他人且他人信任你？你能很容易地消除隔阂吗？

(10) 你在工作中注重人和主观因素吗？你注重利用他人吗？你注重自己的下级吗？

(11) 你是否注意自己的行为且试图解释？你是否有时听见关于自己的言论像是来自别人的观点？你曾努力从别人的立场出发来寻求看待事物的方式吗？

(12) 你觉得自己很善于广泛接触各种各样的人，并在使用人时尽可能发挥他们的作用吗？

测验四：管理

你赞成还是反对下列说法？

(1) 每个专业人员有类似的个性和要求，应该同等对待，用同一种方式去领导他们。

(2) 对专业人员来讲，最重要的报酬是得到更多的钱。

(3) 一个有能力的管理人员，初次见到一个专业人员便能对他做出评价。

(4)“精神不振、消极散漫、牢骚满腹”的状态是由于没有竞争对手和兴趣引起，而不是天生懒惰。

(5) 管理人员应丝毫不去管专业人员的情感。

(6) 不要对专业人员的一项成果加以赞扬。因为那样的话，他们会很难于领导且会马上要求提薪。

(7) 提高专业人员工作效率的最有效方法是告诫他们随时有失去工作的危险。

(8) 一组专业人员总比一个人能更完善地解决问题。

(9) 若一个管理人员称职，那么他必须像每个专业人员一样熟悉其专业。

(10) 了解本企业中每个人的个性，对防止士气低落大有益处。

(11) 如果一个管理人员对某专业人员提出的问题答不上来，他应该说："我不知道，我找一下答案告诉你。"然后继续做自己的事。

(12) 在做与专业人员有关的决定时，管理人员总是应该让他们参与制订。

(13) 专业人员对要求他们提建议的管理人员并不太尊重。

(14) 知己和知彼同等重要。

(15) 一个称职的管理人员，应该较注重参谋而并非监督。

(16) 即使持反对意见，管理人员也应该执行其上级的旨意。

(17) 管理人员千万不要授权给自己所管理的专业人员。

(18) 重要的是分清每个专业人员的贡献，而不是赞赏专业人员所在的集体。

(19) 一般来说，专业人员要"区别"对待。

(20) 管理的最重要的作用之一是提供信息及减少挫折。

参考答案

测验一　如果你的生活发生上述的4～5种变化你仍能适应，那么你适合做管理工作。

测验二　适合做管理工作的人，通常回答如下：1A，2B，3B，4A，5A，6A，7A，8A，9A，10A。

测验三　上述12个问题中，如果你有6个以上的回答为"是"，那么你可能领导的是一个棘手的企业。

测验四　下列说法较为正确：4，10，11，12，14，15，18，19，20。

四、管理游戏

囊中失物

形式：11～16个人为一组比较合适。

材料与场地：有规律的一套玩具、眼罩。

适用对象：所有同学。

时间：30分钟。

活动目的：

让同学们体验解决问题的方法——在同学们面对同样一个问题表现出不同的态度时，如何达成共识，相互配合，共同解决问题。

操作程序：

(1) 班长用袋子装着有规律的一套玩具、眼罩，而后发布游戏规则：我有一套物品，我抽出了一个，然后给了你们一人一个，现在你们通过沟通猜出我拿走的物品的颜色和形状。全过程每人只能问一个问题"这是什么颜色"，我会回答你，你手里拿着的物品是什么颜色，但如果同时很多人问我就不会回答。全过程自己只能摸自己的物品，而不能摸其他人的物品。

(2) 现在班长让每位同学都戴上眼罩。

相关讨论：

(1) 你的感觉如何，开始时你是不是认为这完全没有可能，后来又怎样呢？

(2) 你认为在解决这一问题的过程中，最大的障碍是什么？

(3) 你如何评价执行过程中大家的沟通表现？

(4) 你认为还有什么改善的方法？

项目四
识别与运用古典管理理论

学习目标

知识目标

了解古典管理理论产生的背景和特点；掌握古典管理理论的主要思想。

能力目标

能表述泰勒科学管理与约尔的一般管理的主要内容；分辨古典管理理论与其他管理理论的异同；初步运用古典管理理论分析处理实际管理问题。

思政目标

运用古典管理理论处理管理问题时理论联系实践。

案例导入 ▷▷

美国联合包裹运送服务公司的科学管理

20世纪初，美国联合包裹运送服务公司（UPS）雇用了15万名员工，平均每天将900万个包裹发送到美国各地和世界180个国家。为了实现他们的宗旨“在邮运业中办理最快捷的运送”，UPS的管理部门系统地培训他们的员工，使员工尽可能高效地工作。下面以送货司机的工作为例，介绍一下UPS的管理风格。

UPS的工业工程师们对每一位司机的行驶路线所需时间进行了研究，并对每种送货、暂停和取货活动所需时间设立了标准。这些工程师记录了红灯、通行、按门铃、穿院子、上楼梯、中间休息喝咖啡的时间，甚至上厕所的时间，将这些数据输入计算机，从而给出每一位司机每天工作的详细时间标准。

为了实现每天取送130件包裹的目标，司机们必须严格遵循工程师设定的程序。当司机们接近发送站时，他们松开安全带，按喇叭，关发动机，拉起紧急制动，把变速器推到1挡上，为送货完毕后车的启动离开做好准备，这一系列动作严丝合缝。然后，司机从驾驶室出来，右臂夹着文件夹，左手拿着包裹，右手拿着车钥匙。他们看一眼包裹上的地址，把它记在脑子里，然后以每秒3英尺（约等于0.91 m/s）的速度快步跑到顾客的门前，先敲一下门以免浪费时间找门铃。送完货后，他们在回到卡车上的路途中完成登录工作。

这种刻板的时间表是不是看起来有点烦琐？也许是。它真能带来高效率吗？毫无疑问！生产效率专家一致认为，UPS是世界上效率最高的公司之一。举例来说，联邦捷运公司平均每人每天不过取送80件包裹，而UPS却是130件。在提高效率方面的不懈努力，对 UPS 的净利润产生了积极的影响。

UPS 为获得最佳效率所采用的程序并不是 UPS 创造的，这些程序实际上是科学管理的成果。

思考与分析：20 世纪初美国联合包裹运送服务公司的管理方式与 19 世纪中叶西方手工工场有何不同？

知识学习 ▷▷

一、古典管理理论的产生

古典管理理论的产生与发展时期又被称为科学管理思想发展阶段，其间经历了 19 世纪末至 20 世纪的 20 年代。这一时期的管理理论主要是泰勒的科学管理理论、法约尔的一般管理理论。这些管理思想的日渐成熟，是对社会化大生产发展初期管理思想较为系统的总结，标志着管理科学的建立。

二、主要学派的观点

（一）泰勒的科学管理理论

1. 泰勒简介

泰勒（1856—1915 年），美国人，从工厂学徒干起，先后被提为工长、车间主任，直至总工程师。泰勒结合工厂的实践，致力于研究如何提高劳动效率。1911 年，他撰写的《科学管理原理》一书出版，奠定了科学管理理论基础，标志着科学管理思想的正式形成，泰勒也因而被西方管理学界称为“科学管理之父”。其著作还有《计件工资制》和《车间管理》。

2. 泰勒的主要思想与贡献

（1）科学制定工作定额。泰勒提出要用科学的观测分析方法对工人的劳动过程进行分析和研究，从中归纳出标准的操作方法，并在此基础上制定出工人的“合理日工作量”。

（2）合理用人。泰勒认为，为了提高劳动生产率，必须为工作挑选“第一流的工人”，并使工人的能力同工作相配合。主张对工人进行培训，教会他们科学的工作方法，激发他们的劳动热情。

（3）推行标准化管理。泰勒主张用科学的方法对工人的操作方法、使用的工具、劳动和休息的时间，以及机器设备的安排和作业环境的布置进行分析，消除各种不合理的因素，将最好的因素结合起来，形成标准化的方法，在工作中加以推广。

（4）实行有差别的计件工资制。即按照工人是否完成其定额而采取不同的工资率。完成或超额完成定额就按高工资率付酬，未完成定额的则按低工资率付酬，从而激励工人的劳动积极性。

（5）管理职能和作业职能的分离。泰勒主张设立专门的管理部门，其职责是研究、计划、调查、训练、控制和指导操作者的工作。同时，管理人员也要进行专业分工，每个管理者只承担一两种管理职能。

(6) 实行“例外原则”。即强调高层管理者应把例行的一般日常事务授权给下级管理者去处理，自己只保留对重要事项的决定权和监督权。这种思想对后来的分权管理体制有着积极的影响。

(二) 法约尔的一般管理思想

1. 法约尔简介

法约尔 (1841—1925 年)，法国人，曾长期在企业中担任高级管理职务。1916 年，法约尔撰写的《工业管理和一般管理》一书出版，提出了他的一般管理理论。法约尔对管理理论的突出贡献是：从理论上概括出了一般管理的职能、要素和原则，把管理科学提到一个新的高度，使管理科学不仅在工商业界受到重视，而且对其他领域也产生了重要影响。

2. 法约尔的主要管理思想与贡献

(1) 企业的经营活动。法约尔通过对企业经营活动的长期观察和总结，提出了企业所从事的一切活动可以归纳为六类，即技术活动、商业活动、财务活动、安全活动、会计活动及管理活动，并将其称为六大经营职能。

(2) 管理的基本职能。法约尔在对管理活动进行了详细分析的基础上，提出了管理的五要素，即计划、组织、指挥、协调和控制。也就是现代管理中普遍接受的五项基本管理职能。

(3) 管理的一般原则。法约尔根据对企业管理实践的总结，提出了企业管理的 14 项原则，这些原则是：①劳动分工；②权力和职责一致；③纪律；④统一指挥；⑤统一领导；⑥个人利益服从整体利益；⑦报酬的公平合理；⑧权力的集中与分散；⑨组织层次与部门的协调；⑩维护秩序；⑪公平；⑫人员稳定；⑬首创精神；⑭团结精神。

(4) 管理者的素质与训练。法约尔认为对管理者素质的要求，在身体方面应包括健康、精力、风度；在智力方面应包括理解与学习的能力、判断力、思想活跃、适应能力；在精神方面应包括干劲、坚定、乐于负责、首创精神、忠诚、机智、庄严；在教育方面应包括对不属于职责范围内的事情的一般了解；此外，还包括经验等内容。

能力训练 ▷▷

一、复习思考

(1) 简述古典管理理论的意义和存在的问题。

(2) 试比较泰勒的科学管理与法约尔的一般管理的异同。

二、案例分析

福特的流水线生产

有人把泰勒的《科学管理原理》(1911 年) 当作科学管理的开端，几乎与此同时，亨利·福特成为与泰勒在管理思想与实践上不可分割的一对人物，生产线成为那个时代企业的主导形象。

福特公司在 1910 年 1 月建成了海兰公园工厂，从那时起到 1927 年，该厂共生产了 1 500 万辆 T 型车。它是那个时代工业成功的标志。

现在，福特公司及其创始人亨利·福特的成就得到了公正的赞扬。亨利·福特被例行公事地称赞为大规模生产和生产线的创造者。

很显然，装配线的概念和科学管理也有非常密切的联系。亨利·福特和泰勒的观点极为相似——他们是在两条平行的跑道上奔跑的。亨利·福特谈及"降低部分工人思考的必要性和将工人的移动次数减至最低，因为工人移动一次只可能做一件事"时，也得到了泰勒明确的回应。这一思想应用到 T 型车的生产上时，整个生产过程就被分解为 84 个步骤。

亨利·福特本人将工作组织的基本原则列成三个简单的步骤：

第一，将工人和工具按生产的顺序排列，以保证每一个生产部件在安装好前通过最短的距离。

第二，使用工作滑梯或其他形式的传递工具，以保证工人在完成了工作后总是能把部件放在同一位置上——这个位置必须是他的双手最便于取放部件之处。如果可能，就让部件在重力的作用下到达下一个工人的工作地点。

第三，使用让部件以最方便工人安装和最短的距离进行传送的有滑梯的装配线。

在亨利·福特和他的工程师做了大量完善的工作后，装配线开始运行了。亨利·福特创造出一个复杂的系列生产系统，确保了零件、分组合作和组合件能在适当的时间运送到装配线上。亨利·福特早就实践了及时生产 (Just-in-time) 管理，时间远比这一管理方法流行的 20 世纪 80 年代要早很多 (亨利·福特对于速度产生竞争优势的理解也是对更近代的时基竞争管理理论的一种回应)。

亨利·福特改变了社会，他也是机器时代的主要创造者之一，生产线成为那个时代的企业的主导形象。

问题：为什么说复制福特是泰勒科学管理的实践者？

三、技能测试

细节关注能力测试

测试导语：

在这个讲求精细化的时代，细节往往反映你的专业水准，突出你内在的素质。"细节决定成败"，可见细节的重要性，那么，你是个注重细节的人吗？做完下面的题目就知道了，请选择合适的答案。

(1) 你总是觉得公司的制度有很多的缺陷吗？

A. 是　　B. 否

(2) 当你进入别人的办公室时，与你办公室的不同之处你能很容易发现吗？

A. 是　　B. 否

(3) 你会去研究同行作品中有些看起来很无所谓的部分吗？

A. 是　　B. 否

(4) 你是否经常为了使作品更完美，而造成未按时完成任务？

A. 是　　B. 否

(5) 你爱好艺术吗？

A. 是　　B. 否

(6) 与人交谈时，除了听之外，你还会注意别的吗？比如领带的颜色。

A. 是　　B. 否

(7) 你会研究别人说出的话与其心理是否一致吗？

A. 是　　B. 否

(8) 你会反复检查你的工作吗？

A. 是　　B. 否

(9) 你是否为了掌握事物的变化规律而花掉大量的时间？

A. 是　　B. 否

(10) 为了处理一件事，你会想出三种甚至更多解决方法吗？

A. 是　　B. 否

评分标准：

选择A得2分，选择B不得分。然后将各题所得的分数相加。

测试结果：

(1) 总分为16～20分。你是个注重细节的人，一丝不苟地做事是你的特点，细节观察能力很强，很适合做一个艺术家。需要提醒的是切忌为了完美而忘记一切，有时要讲究效率。

(2) 总分为8～15分。你是个较注重细节的人，只是有时不太认真，往往因情绪不稳定而忽略细节。

(3) 总分为7分以下。你根本不注重细节，做什么都粗枝大叶，敷衍了事，给别人一种不负责任的印象。你要加强注重细节的训练，否则，很少有人会把工作交给你。

四、管理游戏

任务：由队长指挥队员将红桶中的球全部运到蓝桶中。注意，整个过程中队员的手不能接触球；不能移动桶，可以使用场地内的物品。

规则：（以15人为例）

(1) 15人中选1人为队长，站在指定位置；

(2) 选2人作副队长，站在距离队长10米远的位置；

(3) 其余12人，每3人一组，站在距离副队长5米远的位置，面向队长，横排站立，两两双腿绑在一起，蒙住双眼；

(4) 在每组人身后1米处放置一个黄桶，桶中装有30个乒乓球；

(5) 在每组人侧前方1米处放置两组工具；

(6) 在副队长和队长中间的位置处放置两个蓝桶；

(7) 所有队员准备就绪，将任务卡交给队长，活动开始。

道具：4个纸杯，8个汤匙，8双筷子，4把叉子，1张任务卡，1张题目卡（可作为副队长的干扰项目）。

项目五 识别与运用行为科学理论

学习目标

知识目标

了解行为科学理论产生的背景；掌握行为科学理论的主要观点。

能力目标

能分辨行为科学理论与其他管理理论的差异；能初步运用行为科学理论分析与处理实际管理问题。

思政目标

运用行为科学理论处理管理问题时理论联系实践。

案例导入 ▷▷

福特汽车公司人际关系与管理

美国著名的福特汽车公司在新泽西的一家分工厂，过去曾因管理混乱，而差点倒闭。后来总公司派去了一位很能干的经理。在到任后的第三天，他就发现了问题的症结：偌大的厂房里，一道道流水线如同一道道屏障隔断了工人们之间的直接交流；机器的轰鸣声、试车线上滚动轴发出的噪音更使得人们关于工作信息的交流越发难以实现。

由于工厂濒临倒闭，过去的经理一个劲地抓生产任务，而将大家一同聚餐、厂外共同娱乐的时间压缩到了最低限度。所有这些，使得员工们彼此谈心、交往的机会微乎其微，工厂的凄凉景象很快使他们工作的热情大减，人际关系的冷漠也使员工本来很坏的心情雪上加霜。组织内出现了混乱，人们口角不断，不必要的争议也开始增多，有的人干脆就破罐子破摔，工厂的形势每况愈下，这才到总部去搬来救兵。

这位新上任的经理在敏锐地觉察到问题的症结之后，果断地决定以后员工的午餐费由厂里负担，希望所有的人都能留下来聚餐，共渡难关。在员工看来，工厂可能到了最后关头，需要大干一番了，所以心甘情愿地努力工作，其实这位经理的真实意图在于给员工们一个互相沟通了解的机会，以建立信任空间，使组织的人际关系有所改观。

在每天中午大家就餐时，经理还亲自在食堂的一角架起了烤肉架，免费为每位员工烤肉。一番辛苦没有白费，在那段日子里，员工们餐桌上谈论的话题都是有关组织未来的走向的问题，大家纷纷献计献策，并将工作中的问题主动拿出来讨论，寻求最佳的解决办法。

这位经理的决定是有相当风险的。他冒着成本增加的危险拯救了企业不良的人际关系，使所有的员工回到了一个和谐的氛围中去。尽管机器的噪音还是不止，但已经挡不住人们内心深处的交流了。两个月后，企业业绩回转，5个月后，企业奇迹般地开始赢利了。这个企业至今还保持着这一传统，中午的午餐大家欢聚一堂，由经理亲自派送烤肉。

思考与分析：前任经理失败，这位经理却成功了，原因是什么？

知识学习 ▷▷

一、行为科学理论的产生与发展

行为科学是一门研究人类行为的新学科，是一门综合性科学，并且发展成国外管理研究的主要学派之一。它是综合应用心理学、社会学、社会心理学、人类学、经济学、政治学、历史学、法律学、教育学、精神病学及管理理论和方法，研究人的行为的边缘学科。它研究人的行为产生、发展和相互转化的规律，以便预测人的行为和控制人的行为。

行为科学理论始于20世纪20年代中期至30年代初期梅奥的霍桑实验，该项研究的结果表明，工人的工作动机和行为并不仅仅为金钱收入等物质利益所驱使，他们不是"经济人"而是"社会人"，有社会性的需要。梅奥因之建立了人际关系理论，行为科学的前期也称为人际关系学。1949年在美国芝加哥召开的一次跨学科会议上，首先提出了行为科学这一名称。1953年正式把这门综合性学科定名为"行为科学"。

二、人际关系学说

在霍桑试验的基础上，梅奥创立了人际关系学说，提出了与古典管理理论不同的新观点、新思想。

（一）主要内容

（1）职工是"社会人"。

（2）企业存在着"非正式组织"。"正式组织"与"非正式组织"有重大的区别，在"正式组织"中以效率的逻辑为重要标准，而在"非正式组织"中则以情感的逻辑为重要标准。相互依存，对生产效率的提高有很大的影响。

（二）人际关系学说的地位

人际关系学说的出现，开辟了管理理论研究的新领域，弥补了古典管理理论忽视人的因素的不足。同时，人际关系学说也为以后的行为科学的发展奠定了基础。

三、行为科学理论

（一）个体行为理论

有关人的需要、动机和激励方面的理论，可分为三类：

（1）内容型激励理论，包括需要层次论、双因素理论、成就激励理论等；

（2）过程型激励理论，包括期望理论、公平理论等；

(3) 行为改造型激励理论，包括强化理论、归因理论等。

有关企业中的人性理论主要包括 X-Y 理论、不成熟-成熟理论。

(二) 团体行为理论

团体分为正式团体和非正式团体，以及松散团体、合作团体和集体团体等。团体行为理论主要研究团体发展动向的各种因素，以及这些因素的相互作用和相互依存的关系，如团体的目标、团体的结构、团体的规模、团体的规范、信息沟通和团体意见冲突理论等。

(三) 组织行为理论

组织行为理论主要包括领导理论和组织变革、组织发展理论。领导理论又包括三大类，即领导性格理论、领导行为理论和领导权变理论。

四、行为科学理论的主要特点

(1) 把人的因素作为管理的首要因素，强调以人为中心的管理，重视职工多种需要的满足。

(2) 综合利用多学科的成果，用定性和定量相结合的方法探讨人的行为之间的因果关系及改进行为的办法。

(3) 重视组织的整体性和整体发展，把正式组织和非正式组织、管理者和被管理者作为一个整体来把握。

(4) 重视组织内部的信息流通和反馈，用沟通代替指挥监督，注重参与式管理和职工的自我管理。

(5) 重视内部管理，忽视市场需求、社会状况、科技发展、经济变化、工会组织等外部因素的影响。

(6) 强调人的感情和社会因素，忽视正式组织的职能及理性和经济因素在管理中的作用。

能力训练 ▷▷

一、复习思考

(1) 行为科学对企业管理有什么影响?

(2) 比较行为科学与我国政治思想工作的异同。

(3) 简述行为科学的主要内容。

二、案例分析

管理理论的区别与选择

在一个管理经验交流会上，有两厂的厂长分别论述了他们各自对如何进行有效管理的看法。

A厂长认为，只有实行严格的管理，采用某些命令式、强制性手段，才能保证实现企业目标。因此，企业要制定严格的规章制度和岗位责任制，建立严密的控制体系；注重上岗培训；实行计件工资制等。员工们都非常注重遵守劳动纪律和规章制度，努力工作以完成任务，工厂发展迅速。

B厂长则认为，企业管理的对象是员工，只有员工们都把企业当成自己的家，都把个人的命运与企业的命运紧密联系在一起，才能充分发挥他们的聪明才智为企业服务。因此，管理者在执行管理的决策、组织、领导、控制等职能时，充分提高透明度，在需要职工参与时，与职工们商量解决；平时十分注重对员工需求的分析，有针对性地给员工提供学习、娱乐的机会和条件；每个月在黑板上公布当月过生日的员工的姓名，祝他们生日快乐；如果哪位员工生儿育女，厂里派专车接送，厂长亲自送上贺礼；等等。员工们普遍把企业当作自己的家；全心全意地为企业服务，工厂日益兴旺发达。

问题：

(1) 这两位厂长的观点分别代表什么管理理论？

(2) 你认为哪一种更具有优越性？为什么？

三、技能测试

员工心理测试

本心理测试题是由中国现代心理研究所以著名的美国兰德公司（战略研究所）拟制的一套经典心理测试题为蓝本，根据中国人心理特点加以适当改造后形成的，目前已被一些著名的大公司，如联想、长虹、海尔等，作为对员工心理测试的重要辅助试卷，据说效果很好。

注意：每题只能选择一个答案，应为你第一印象的答案，把相应答案的分值加在一起即为你的得分。

(1) 你更喜欢吃哪种水果？

A. 草莓（2分） B. 苹果（3分） C. 西瓜（5分）

D. 菠萝（10分） E. 橘子（15分）

(2) 你平时休闲经常去的地方是：

A. 郊外（2分） B. 电影院（3分） C. 公园（5分）

D. 商场（10分） E. 酒吧（15分） F. 练歌房（20分）

(3) 你认为容易吸引你的人是：

A. 有才气的人（2分） B. 依赖你的人（3分） C. 优雅的人（5分）

D. 善良的人（10分） E. 性情豪放的人（15分）

(4) 如果你可以成为一种动物，你希望自己是哪种？

A. 猫（2分） B. 马（3分） C. 大象（5分）

D. 猴子（10分） E. 狗（15分） F. 狮子（20分）

(5) 天气很热，你更愿意选择什么方式解暑？

A. 游泳(5分)　　B. 喝冷饮(10分)　　C. 开空调(15分)

(6) 如果必须与一种你讨厌的动物或昆虫在一起生活，你能容忍哪一种?

A. 蛇(2分)　　B. 猪(5分)　　C. 老鼠(10分)

D. 苍蝇(15分)

(7) 你喜欢看哪类电影、电视剧?

A. 悬疑推理类(2分)　　B. 童话神话类(3分)　　C. 自然科学类(5分)

D. 伦理道德类(10分)　　E. 战争枪战类(15分)

(8) 以下哪个是你身边必带的物品?

A. 打火机(2分)　　B. 口红(2分)　　C. 记事本(3分)

D. 纸巾(5分)　　E. 手机(10分)

(9) 你出行时喜欢坐什么交通工具?

A. 火车(2分)　　B. 自行车(3分)　　C. 汽车(5分)

D. 飞机(10分)　　E. 步行(15分)

(10) 以下颜色你更喜欢哪种?

A. 紫(2分)　　B. 黑(3分)　　C. 蓝(5分)

D. 白(8分)　　E. 黄(12分)　　F. 红(15分)

(11) 在下列运动中挑选一个你最喜欢的(不一定擅长):

A. 瑜伽(2分)　　B. 自行车(3分)　　C. 乒乓球(5分)

D. 拳击(8分)　　E. 足球(10分)　　F. 蹦极(15分)

(12) 如果你拥有一座别墅，你认为它应当建在哪里?

A. 湖边(2分)　　B. 草原(3分)　　C. 海边(5分)

D. 森林(10分)　　E. 城中区(15分)

(13) 你更喜欢以下哪种天气现象?

A. 雪(2分)　　B. 风(3分)　　C. 雨(5分)

D. 雾(10分)　　E. 雷电(15分)

(14) 你希望自己的窗口在一座30层大楼的第几层?

A. 七层(2分)　　B. 一层(3分)　　C. 二十三层(5分)

D. 十八层(10分)　　E. 三十层(15分)

(15) 你认为自己更喜欢在以下哪一个城市中生活?

A. 丽江(1分)　　B. 拉萨(3分)　　C. 昆明(5分)

D. 西安(8分)　　E. 杭州(10分)　　F. 北京(15分)

测试结果:

(1) 总分180分以上

意志力强，头脑冷静，有较强的领导欲，事业心强，不达目的不罢休。外表和善，内心自傲，对有利于自己的人际关系比较看重，有时显得性格急躁，咄咄逼人，得理不饶人，不利于自己时顽强抗争，不轻易认输。思维理性，对爱情和婚姻的看法很现实，对金钱的欲望一般。

(2) 总分140～179分

聪明，性格活泼，人缘好，善于交朋友，心机较深。事业心强，渴望成功。思维较理性，崇尚爱情，但当爱情与婚姻发生冲突时会选择有利于自己的婚姻。金钱欲望强烈。

(3) 总分 100～139 分

爱幻想，思维较感性，以是否与自己投缘为标准来选择朋友。性格显得较孤傲，有时较急躁，有时优柔寡断。事业心较强，喜欢有创造性的工作，不喜欢按常规办事。性格倔强，言语犀利，不善于妥协。崇尚浪漫的爱情，但想法往往不切合实际。金钱欲望一般。

(4) 总分 70～99 分

好奇心强，喜欢冒险，人缘较好。事业心一般，对待工作，随遇而安，善于妥协。善于发现有趣的事情，但耐心较差，敢于冒险，但有时较胆小。渴望浪漫的爱情，但对婚姻的要求比较现实。不善理财。

(5) 总分 40～69 分

性情温良，重友谊，性格踏实稳重，但有时也比较狡黠。事业心一般，对本职工作能认真对待，但对自己专业以外事物没有太大兴趣，喜欢有规律的工作和生活，不喜欢冒险，家庭观念强，比较善于理财。

(6) 总分 40 分以下

散漫，爱玩，富于幻想。聪明机灵，待人热情，爱交朋友，但对朋友没有严格的选择标准。事业心较差，更善于享受生活，意志力和耐心都较差，我行我素。有较好的异性缘，但对爱情不够坚持认真，容易妥协。没有财产观念。

四、管理游戏

勇于承担责任

目的：面对错误时，大多数情况是没人承认自己犯了错误；少数情况是有人认为自己错了，但没有勇气承认，因为很难克服心理障碍；极少数情况有人站出来承认自己错了。本心理游戏可以帮助学生调节心情，减轻心理压力，在实践中经常用到。

适用范围：责任心培养等。

规则：学生相隔一臂站成几排（视人数而定），老师喊一时，向右转；喊二时，向左转；喊三时，向后转；喊四时，向前跨一步；喊五时，不动。当有人做错时，做错的人要走出队列，站到大家面前先鞠一躬，举起右手高声说："对不起，我错了！"做几个回合后，提问：这个游戏说明什么问题？

项目六

识别与运用现代管理理论

学习目标

知识目标

了解现代管理理论产生的背景和特点；掌握现代管理理论的主要内容。

能力目标

能分辨现代管理理论与其他管理理论的差异；能初步应用现代管理理论处理实际管理问题。

思政目标

应用现代管理理论处理管理问题时理论联系实际。

案例导入 ▷▷

柯达——企业战略失败的案例

2013年5月，美国柯达公司正式向美国联邦破产法院提交退出破产保护的计划。2013年8月20日，美国联邦破产法院批准柯达公司脱离破产保护，重组为一家小型数码影像公司。柯达的英雄末路，可以说并不出乎人们的意料。因为这家企业的长期发展战略很差劲，“没有任何前景”并且“没有采取任何改变措施”。

不过，柯达将要破产的消息一出，还是立刻成为大家关注的焦点，不少人为此扼腕叹息。遍布大街小巷的黄色柯达店伴随了几代人的成长，作为全球影像和冲印行业的领导者，柯达曾是摄影领域的代名词，1997年其市值达到顶峰，约300亿美元。然而，这家有着132年历史的公司申请破产时市值只有1.45亿美元。

柯达的衰败可以说是时代变迁的一个缩影，也可以说是一家企业战略失败的经典案例。

当摄影拍照技术从“胶卷时代”大踏步进入“数字时代”之际，柯达舍不得放弃传统胶片领域的帝王地位，面对新技术的出现和应用，反应迟钝。其实，并不是柯达不具备数字影像方面的技术和能力。相反，柯达早在1976年就研发出了数字影像技术，并将数字影像技术应用于航天领域，在1991年就开发出了130万像素的数字相机。但是，倚重传统影像业务的柯达高层不仅没有重视数字技术，反而把关注的重点不恰当地放在了防止胶卷销量受到不利影响上，导致该公司未能大力发展数字业务。结果就是舍不得“自杀”，只能“他杀”。2002年柯达的产品数字化率只有25%左右，而竞争对手富士胶片已达到了60%。随着胶卷的失宠，以及21世纪更加智能化与5G手机的出现，柯达走向了末路。

思考与分析：柯达企业战略的失败具体表现在哪里？

知识学习 ▷▷

一、现代管理理论概述

(一) 现代管理理论产生的背景

现代管理理论始于20世纪30年代，但显著发展是在第二次世界大战之后。

第二次世界大战后，生产力的发展导致了企业生产过程的自动化、连续化，以及生产社会化程度的空前提高。企业规模急剧扩大，出现了一些大的跨国公司，市场竞争的激烈，市场环境的变化多端，这些都对企业管理提出了更高的要求，管理日趋复杂。

科学技术以前所未有的速度迅猛发展，既对管理提出了新的要求，又为管理提供了全新的技术支持，科技成果被广泛采用。

随着社会的进步，人在生产经营中的作用越来越重要，发挥人的积极性与创造性已成为现代管理的核心问题。正是在这样的背景下，一大批全新的管理思想与理论被应用于管理实践，并得到迅速发展。

(二) 现代管理理论发展的脉络

(1) 管理理论的分散化。进入20世纪50年代后，管理理论出现了一种分散化的趋势，形成了被称为管理理论的“热带丛林”的诸多学派，如管理过程学派（或称管理程序学派)、经验学派、人类行为学派、社会系统学派、决策理论学派、数理学派、交流中心学派。

(2) 管理理论的集中化趋势。进入20世纪60年代后，管理理论的研究又出现一种集中化的趋势，学者们先提出系统管理理论，力求建立统一的管理理论，后来又提出更加灵活地适应环境变化的权变管理理论。

二、主要学派的介绍

(一) 系统管理理论

系统管理学派盛行于20世纪60年代。代表人物为美国管理学者卡斯特、罗森茨韦克和约翰逊。卡斯特的代表作为《系统理论和管理》。

系统管理学说的基础是普通系统论。系统论的主要思想包括三个方面：

① 系统是由相互联系的要素构成的。系统的各个组成部分既是独立存在的，又是相互关联、相互依存的。

② 系统的整体性。系统的各组成部分不是可以分离的简单集聚，而是按一定规律、一定方式组成的整体。

③ 系统的等级性。每一个系统都归属于一个更大的系统，而每个系统内部又存在着组成这一系统的分系统。

卡斯特等人的系统学说，是以普通系统理论为基础的，包括三个方面：

① 系统哲学。这是一种基于系统观念的思想方法，强调系统是一种有组织的或综合的整体，强调各个组成部分之间的关系。

② 系统管理。这是一种以系统论为指导的管理方式。认为组织本身是一个以人为主体的人造系统。因此，要把企业作为一个系统进行设计与经营，使企业的各部分、各种资源，按照系统的要求进行组织运行。

③ 系统分析。这是一种按系统论思想解决问题或决策的方法和技术，主要包括：对一个问题的认识，确定有关变量，分析和综合各种因素，确定最佳解决方法和行动计划。

(二) 权变管理理论

卢桑斯的权变管理学说的基本思路是：先确定有关的环境条件，然后根据权变关系的理论，求得与之相应的管理观念与技术，以最有效地实现管理目标。他提出了一个观念性的结构，并用矩阵图来加以表示。这一结构由环境、管理观念与技术、它们两者之间的权变关系三部分组成。

① 环境。即指企业所处的外部环境。环境通常为自变量，管理者总是要依据外部环境的特点与变化采取相应的管理手段。这里所说的环境变量，既包括组织的外部环境，也包括组织的内部环境。

② 管理观念与技术。这是观念结构中的自变量。卢桑斯巴过去的所有管理理论划分为四种学说：过程学说、计量学说、行为学说和系统学说。他主张把这四种学说结合起来，根据不同环境，加以灵活运用。

③ 权变关系。权变关系是指两个或两个以上的变数之间的函数关系。也就是环境变量与管理变量之间存在的函数关系。即：如果环境条件一定，那么就必须采用与之相适应的管理原理、方法和技术，以有效实现企业目标。

三、现代管理思想的新发展——三种代表性的理论

进入 20 世纪 80 年代以后，管理出现了深刻的变化与全新的格局，管理出现一些全新的发展趋势。

(一) 战略管理思想

1. 战略管理理论产生的背景

据余潜修教授的考证，战略管理概念是日本学者在 20 世纪 60 年代末首先提出来的。但作为理论，战略管理是 1980 年前后以美国哈佛大学为基地带头研究并形成的。战略管理理论出现的背景如下。

(1) 从 20 世纪 60 年代开始，商品经济市场化倾向和市场经济竞争态势日趋突出，企业环境由相对稳定型向相对激变型转化，这使得企业的生存发展受到很大威胁。同行业的同类商品的同质化市场竞争和不同行业而作用相近的替代品市场竞争均呈现恶性化走向。从而使人们日益深刻认识到，环境的需求是企业存在的理由。这样，如何捕捉环境对自己的供需变化，如何使自己更好更自觉地适应环境，就成了企业管理的一项新使命。而当时

的企业管理理论基本上是针对相对稳定的环境建立起来的，属于经营性质，这就使战略管理成了企业管理理论体系中的一个空白而亟待建立。

(2) 企业规模日益壮大，企业事无巨细都要由老板亲自抓、亲自过问、亲自定夺的状况越来越适应不了企业发展的需要。在这种情况下，企业公司制度也发生了相应变化，形成了所有权与经营权分离、董事会和经理层分工的局面。这样，董事长和董事会干什么，如何干就成了理论必须回答实践需要的重大问题，也算是当时的一个理论悬念。正是在这种背景下，战略管理理论在20世纪七八十年代破土而出，成为国际管理学界的一个热点课题。我国也只是到了80年代中后期才有组织地引进和消化战略管理理论的。

2. 战略管理理论的产生与发展

1965年，安索夫（Ansoff）的《公司战略》一书的问世，开创了战略规划的先河。1976年，安索夫的《从战略规则到战略管理》出版，标志着现代战略管理理论体系的形成。安索夫认为，战略管理注重的是动态的管理，是对决策与实施并重的管理。劳伦斯与罗斯奇合著的《组织与环境》（1969年），系统论述了企业组织与外部环境的关系，提出公司要有应变计划，以求在变化及不确定的环境中得以生存；卡斯特（F. E. Kast）与罗森茨韦克（J. E. Resenzweig）的《组织与管理——系统权变的观点》（1979年），主张在企业管理要根据企业所处的内外条件随机应变，组织应在稳定性、持续性、适应性、革新性之间保持动态的平衡。

3. 迈克尔·波特与《竞争战略》

迈克尔·波特（M. E. Porter）是美国哈佛大学商学院的教授，兼任许多大公司的咨询顾问。1980年，他的著作《竞争战略》把战略管理的理论推向了顶峰，该书被美国《幸福》杂志标列的全美500家最大企业的经理、咨询顾问及证券分析家奉为必读的“圣经”。该书的重要贡献：①提出对产业结构和竞争对手进行分析的一般模型，即五种竞争力（新进入者的威胁、替代品的威胁、买方砍价的能力、供方砍价的能力和现有竞争对手的竞争）分析模型。②提出企业构建竞争优势的三种基本战略。即寻求降低成本的成本领先战略；使产品区别竞争对手的差异化战略；集中优势占领少量市场的集中化战略。③价值链的分析。迈克尔·波特认为企业的生产是一个创造价值的过程，企业的价值链就是企业所从事的各种活动——设计、生产、销售、发运以及支持性活动——的集合体。价值链能为顾客生产价值，同时能为企业创造利润。

(二) 企业再造理论

1. 企业再造理论产生的背景

进入20世纪七八十年代，市场竞争日趋激烈，企业面临严重的挑战；知识经济的到来与信息革命使企业原有组织模式受到巨大冲击。面对这些挑战与压力，企业只有在更高层次上进行根本性的改革与创新，才能真正增强企业自身的竞争力，走出低谷。1993年，企业再造理论的创始人原美国麻省理工学院教授迈克尔·哈默（M. Hammer）博士与詹姆斯·昌佩（J. Champy）合著了《再造企业——管理革命的宣言书》一书，正式提出了企业再造理论。1995年，詹姆斯·昌佩又出版了《再造管理》。迈克尔·哈默与詹姆斯·昌佩提出应在新的企业运行空间条件下，改造原来的工作流程，以使企业更适应未来的生存发展空间。这一全新的思想震动了管理学界，企业再造的思潮迅速在美国兴起，并快速传到日本、欧洲各国，乃至全世界。

2. 企业再造的基本含义

按照迈克尔·哈默与詹姆斯·昌佩所下的定义，企业再造是指“为了飞越地改善成本、质量、服务、速度等重大的现代企业的运营基准，对工作流程（Business Process）做根本的重新思考与彻底翻新”。这也就是为适应新的世界竞争环境，企业必须抛弃已成惯例的运营模式和工作方法，以工作流程为中心，重新设计企业的经营、管理及运营方式。

3. 企业再造流程的过程

企业再造流程的过程大致分为四个阶段：①诊断原有流程；②选择需要再造的流程；③了解准备再造的流程；④重新设计企业流程。

(三)“学习型组织”理论

1.“学习型组织”理论产生的背景

20世纪90年代以来，知识经济的到来，使信息与知识成为重要的战略资源，相应诞生了“学习型组织”理论。“学习型组织”理论是美国麻省理工学院教授彼得·圣吉在其著作《第五项修炼》中提出来的。彼得·圣吉认为，有两个加速的趋势在加速管理的变革：一是全球一体化的竞争加快了变化的速度；二是组织技术的根本变化促进了管理的变化。传统的组织设计以机器为基础；而新的组织设计却是以知识为基础的，即组织设计是用来处理思想和信息的。从而认为，传统的组织类型已经越来越不适应现代环境发展的要求，现代企业是一个系统，这个系统可以通过不断学习来提高生存和发展的能力。这一理论的提出，受到了全世界管理学界的高度重视，许多现代化大企业，乃至其他组织，包括城市，纷纷采用这一理论，努力建成“学习型企业”“学习型城市”等。

2.“学习型组织”的基本思想

彼得·圣吉在《第五项修炼》中明确指出：“20世纪90年代最成功的企业将会是‘学习型组织’，因为未来唯一持久的优势，是有能力比你的竞争对手学习得更快。”他认为：“未来真正出色的企业，将是能够设法使各阶层人员全心投入，并有能力不断学习的组织。”学习型组织正是人们从工作中获得生命意义、实现共同愿望和获取竞争优势的组织蓝图。学习型组织是更适合人性的组织模式。这种组织由一些学习团队组成，有崇高而正确的核心价值、信心和使命，具有强韧的生命力与实现共同目标的动力，不断创新，持续蜕变，从而保持长久的竞争优势。

3. 组织成员的五项修炼

彼得·圣吉提出的五项修炼是：

(1) 追求自我超越；

(2) 改善心智模式；

(3) 建立共同远景目标；

(4) 开展团队学习；

(5) 锻炼系统思考能力。

这是整个五项修炼的基石。他提出系统思考是“看见整体”的一项修炼。

能力训练 ▷▷

一、复习思考

(1) 简述三种代表性的现代管理理论的主要观点。
(2) 你认为适合中国企业管理实际的现代管理理论有哪些？为什么？
(3) 有人说现代管理理论最后趋向统一，你是如何看待这一观点的？

二、案例分析

联想——中国第一个学习型组织

联想的前身是成立于1984年的中国科学院计算所新技术发展公司，由中科院计算所11名科研人员凭借20万元资金创立。2008年，联想综合营业额为1 152亿元，总资产为644亿元，历年累计上缴国家各种税收为126亿元，公司员工总数近3万人。该企业在中国企业联合会、中国企业家协会联合发布的2006年度中国企业500强排名中名列第24位，2007年度中国企业500强排名中名列第22位。2010年，联想综合营业额为1 466亿元，总资产为1 121亿元，员工总数近4万人，在中国民企500强中排名第3。2013年，联想电脑销售量跃居世界第1，成为全球最大的PC生产厂商。2014年10月，联想集团宣布该公司已经完成对摩托罗拉移动的收购。自2014年4月1日起，联想集团成立了4个新的、相对独立的业务集团，分别是PC业务集团、移动业务集团、企业级业务集团、云服务业务集团。2016年8月，全国工商联发布“2016中国民营企业500强”榜单，联想名列第4。在2019年9月发布的“2019中国制造业企业500强”榜单中，联想集团有限公司名列第16位。2019年10月，“2019福布斯全球数字经济100强”榜单中联想位列第89位。截至2019年11月1日联想成立35周年时，联想年收入超3 500亿元人民币。

联想成功的原因是多方面的，其中不可忽视的一点是，联想具有极富特色的组织学习实践，使得联想能顺应环境的变化，及时调整组织结构、管理方式，从而健康成长。

早期，联想从与惠普（HP）的合作中学习到了市场运作、渠道建设与管理的方法，学到了企业管理的经验，对于联想成功地跨越成长中的管理障碍大有裨益；现在，联想积极开展国际、国内技术合作，与计算机界众多知名公司，如英特尔（Intel）、微软、惠普、东芝等，保持良好的合作关系，并从与众多国际大公司的合作中受益匪浅。

除能从合作伙伴那里学到东西外，联想还是一个非常有心的学习者，善于从竞争对手、本行业或其他行业优秀企业以及顾客等各种途径学习。

柳传志有句名言：“要想着打，不能蒙着打。”这句话的意思是说，要善于总结，善于思考，不能光干不总结。

问题：

(1) 联想是一个什么样的公司？

(2) 联想有几种学习方式？

三、技能测试

时间管理能力测试

测试导语:

时间就是生命，有效地利用工作时间能够事半功倍，为公司创造最大的效益。下面将测试你的时间管理能力。请选择合适自己的答案。

(1) 你认为当天的工作是否必须完成?

A. 是　　B. 否

(2) 你会制订年度计划并具体安排每天的工作吗?

A. 是　　B. 否

(3) 你的文件是按照重要性分类管理吗?

A. 是　　B. 否

(4) 你会把同样、同类、同时使用的东西放在一起吗?

A. 是　　B. 否

(5) 你的办公室是否很整洁干净?

A. 是　　B. 否

(6) 你会尽量减少开会次数吗?

A. 是　　B. 否

(7) 如果工作时间很紧，你会经常看表并做出下一步的安排吗?

A. 是　　B. 否

(8) 工作之际你是否会稍作休息、劳逸结合呢?

A. 是　　B. 否

(9) 工作很忙时，你是否会有紧迫感?

A. 是　　B. 否

(10) 你曾向别人请教如何利用时间吗?

A. 是　　B. 否

(11) 你对每天的工作是否能分清轻重缓急?

A. 是　　B. 否

(12) 只要善于利用时间，你每天就可以多出一点时间吗?

A. 是　　B. 否

(13) 你会为不熟悉的工作预先制订计划吗?

A. 是　　B. 否

(14) 你清楚自己工作效率最高与工作效率最低的时间分布吗?

A. 是　　B. 否

(15) 你对突然插进来的人和事能接受吗?

A. 是　　B. 否

(16) 来访者不愿意透露来意，你会在工作室会见吗?

A. 是　　　　　　　　　　B. 否

(17) 你在工作时，有电话找你，你会出于礼貌听对方长篇大论吗？

A. 是　　　　　　　　　　B. 否

(18) 你会花很多时间对自己的工作成果反复检查以确保万无一失吗？

A. 是　　　　　　　　　　B. 否

(19) 为了提高工作效率，你经常负荷工作吗？

A. 是　　　　　　　　　　B. 否

(20) 你宁可自己动手也不会把工作委派给他人吗？

A. 是　　　　　　　　　　B. 否

评分标准：

第1～14题选择A得1分，选择B不得分；第15～20题选择B得1分，选择A得不得分。然后将各题所得分数相加。

测试结果：

(1) 总分为17～20分

你的时间管理能力很强，你很有毅力，能够坚持不懈地把工作做好，是个难得的好员工。

(2) 总分为11～16分

你对时间的管理能力一般，你总是想放松自己，有时又能够很好地管理自己。

(3) 总分为10分及以下

你的时间管理能力很差，你的计划从来不能实现，你没有时间观念，总是找各种理由拖延，懒惰是其中主要的原因。如果不改变这种状况，那么成为企业优秀管理人才的机会将与你无缘。

四、管理游戏

万里长城

(1) 参加者围成一圈，向右转，双手搭住前面一人的双肩，要求所有人注意听一个口令（比如叫停就停，叫跳就跳，叫坐就坐，叫坐时前一人要坐在后一人腿上，叫走就走），听到后必须按口令做，否则受罚。

(2) 游戏开始，所有人听口令往前走，1-2-1，1-2-1，1-2-坐，第一次一般会有人跌倒或者不坐下，不坐下的受罚。

(3) 让大家依然双手搭住前面一人的双肩，但距离缩短，再试一次，所有人都坐住了，开始倒数10，9，8，…，1)，站起。

(4) 参加者双手搭住前面一人的双肩，再试一次，应该都能坐稳了。

(5) 活动结束请人谈谈感受。

项目七
设计组织文化建设

学习目标

知识目标

了解组织文化的含义、构成与功能；掌握组织文化建设的内容与要求。

能力目标

能识别和构建一个组织的组织文化层次结构；初步具有组织文化分析与设计能力。

思政目标

在组织文化设计时能具体问题具体分析。

案例导入 ▷▷

海尔文化

海尔是以企业文化为软系统的现代企业，海尔的每一次经营上的创新都来自于一次企业文化的革命。海尔的领导层认为，企业文化是企业管理中最持久的驱动力和约束力，企业文化高度融合了企业理念、经营哲学、价值观和个人的人生观，是一个企业的凝聚剂。

海尔的经营理念具有鲜明的个性——海尔特色，同时有较强的哲理性和实用性，可普遍推广。海尔的经营理念具体如下。

(1) 海尔定律（斜坡球体论）

企业如同爬坡的一个球，受到来自市场竞争和内部职工惰性的压力。如果没有一个止动力，它就会下滑，这个止动力就是基础管理。以这一理念为依据，海尔创造了“OEC”管理模式和80/20原则。80/20原则即企业中20%的干部负80%的责任。

(2) 海尔的市场理念

“市场唯一不变的法则就是永远在变”“只有淡季的思想，没有淡季的市场”“我们是卖信誉，不是卖产品”“否定自我，创造市场”。

(3) 创品牌方面的理念

① 名牌战略

- 要么不干，要干就要争第一。
- 国门之内无名牌。

② 质量观念

- 高标准，精细化，零缺陷。

- 优秀的产品是优秀的人干出来的。

③ 服务理念

- 带走用户的烦恼，烦恼到零。
- 留下海尔的真诚，真诚到永远。

④ 售后服务理念

- 用户永远是对的。

⑤ 海尔的发展方向

- 创中国的事业名牌。

思考与分析：

(1) 如何评价海尔企业文化在企业发展中的作用？

(2) 海尔企业文化的核心内容是什么？

知识学习 ▷▷

一、组织文化的含义与功能

(一) 组织文化的含义与结构

(1) 组织文化的含义。从广义上说，组织文化是指，组织在社会实践过程中所创造的物质财富和精神财富的总和。从狭义上说，组织文化是指，在一定的社会政治、经济、文化背景条件下，组织在社会实践过程中所创造并逐步形成的独具特色的共同思想、作风、价值观念和行为准则。它主要体现为组织在活动中所创造的精神财富。

(2) 组织文化作为一个整体系统，其结构与内容是由以精神文化为核心的三个层次构成，如图 7-1 所示。

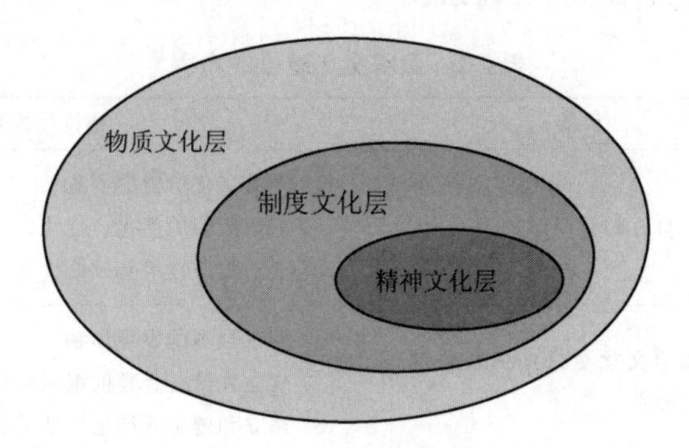

图 7-1　组织文化的层次

物质文化层包括组织开展活动所需的基本物质基础，如企业产生经营的物质技术条件，诸如厂容、厂貌、机器设备，产品的外观、质量、服务，以及厂徽、厂服等。

制度文化层包括具有本组织文化特色的，为保证组织活动正常进行的组织领导体制、各种规章制度、道德规范和员工行为准则的总和，如企业中的厂规、厂纪，各种工作制度和责任制度，以及人际交往的方式等。

精神文化层是指组织在长期活动中逐步形成的，并为全体员工所认同的共有意识和观念，包括组织的价值观念、组织精神、组织道德。

三个层次之间的关系为：精神文化层决定了制度文化层和物质文化层；制度文化层是精神文化层与物质文化层的中介；物质文化层和制度文化层是精神文化层的体现。三者密不可分，相互影响，相互作用，共同构成组织文化的完整体系。

（二）组织文化的功能

（1）导向功能。组织文化有助于把组织成员的思想、行为引导到实现组织所确定的目标上来。

（2）凝聚功能。组织文化有着把组织成员紧密团结起来，形成一个统一体的凝聚力量。

（3）激励功能。组织文化有助于激励组织成员培养自觉为组织发展而积极工作的精神。

（4）约束功能。组织文化具有对组织成员的思想和行为进行约束和规范的作用。

（5）辐射功能。组织文化对组织内外都有着强烈的辐射作用。例如，通过高质量的产品和满意的服务，使顾客感受到企业独特的文化特色；利用各种宣传手段，如电视、广播、报纸、书刊、会议等传播方式，宣传组织文化等。组织文化对内对外的辐射过程，也正是组织形象的塑造过程，因而对组织的发展有着重要的意义。

二、组织文化的建设

（一）组织文化建设的内容

组织文化建设的内容如表 7-1 所示。

表 7-1　组织文化建设的内容

文化建设名称	目的	建设的内容
物质文化	树立良好的组织形象	（1）产品文化价值的创造 （2）厂容厂貌的美化、优化 （3）企业物质技术基础的优化
制度文化	使物质文化更好地体现精神文化的要求	（1）确立合理的领导体制 （2）建立和健全合理的组织结构 （3）建立和健全开展组织活动所必需的规章制度
精神文化	决定着组织物质文化和制度文化的建设	（1）明确组织所奉行和追求的价值观念 （2）塑造组织精神 （3）促进组织道德的形成和优化

（二）组织精神及其影响因素

组织精神的塑造是组织文化建设的核心。

（1）组织精神的含义。组织精神是组织在特定的社会环境中，精心培育而逐步形成的，并为组织全体成员所共同认同的心理态势、价值取向和主导意识。组织精神一般包括：对社会、国家、民族做出贡献的理想追求；组织的价值观，即指导组织行为的思想和观念；组织群体的信念，即激励员工为组织尽责尽力的群体意识等。

（2）组织精神的影响因素。组织精神的最主要影响因素有：社会经济制度、社会经济发展状况、历史文化传统、组织个性及领导者素质。

（三）组织精神建设的基本要求

（1）要保持坚定正确的政治方向。

（2）要有鲜明的时代特色。

（3）要确立组织精神所追求的战略目标。

（4）要以人的素质开发为主线。

（5）要突出个性原则。

（6）要有循序渐进的过程。

（7）要以制度建设作为塑造组织精神的根本保证。

（8）要创造良好的人际关系。

（9）要发挥楷模的力量。

（10）要使组织自身的文化环境与组织精神相协调。

能力训练 ▷▷

一、复习思考

（1）什么是组织文化？组织文化由哪几方面构成？

（2）组织文化的建设有哪些内容与要求？

（3）“企业文化是企业生存与发展的灵魂”，谈谈你对此的看法。

二、案例分析

如何解决企业文化建设中的形式化问题？

D公司是一家投资近3亿美元的中外合资企业，坐落于上海浦东高新技术开发区。整个厂区宽敞、漂亮，整片的绿地与现代化的厂房交相辉映，这是一个年销售收入高达10亿元人民币的企业。

D公司的张总经理是中方选派的。张总经理对企业的发展与管理颇有自己的想法：

“我们D公司技术设备先进，产品先进。作为一个高科技的企业，作为一个新成立的企业，我们并不担心技术与市场的问题，而担心文化的冲突，担心新员工进入企业后能否迅速整合的问题。

“中外合资企业中通常拥有不同投资方所在国文化的背景，来自不同国家的员工具有不太一致的价值观、思维方式、行为习惯。这些不一致可能导致企业内存在文化的冲突。我以为解决这个问题的关键在于迅速建立本公司的特定文化。

“我设想的本公司的企业文化要有一个核心理念，要有一整套将核心理念层层演化于各部门、各员工的具体表述。但是我反对形式化、千篇一律、没有变化。企业文化活动应丰富多彩，应该以员工为中心。”

张总经理不久便在公司成立了企业文化建设委员会，希望在不久的将来可建立D公司自己的文化，企业文化建设委员会正式开始了以下工作。

1. 员工座右铭活动

每个新入公司的员工应自己掏钱买一棵公司指定范围内的树，然后亲手种在公司的地域之内。这棵树上挂上种植人的姓名，并由种植人负责照看，意即“十年树木，百年树人”，员工与公司一起成长。与此同时，每个员工在经过公司的新员工培训后，提出自己的人生座右铭。公司希望每个员工的人生座右铭能够成为他们各自生活、工作的准则。座右铭确定后，也可以修改，但公司要组织评选，看一看哪一位员工的座右铭最好、最有意义。

2. 集思广益活动

集思广益活动是指全体员工为了把生产、经营、管理等诸方面的工作做得更好而出主意、想办法、提建议。员工可把自己的建议和设想写出来，贴在公司安放的集思广益招贴板上。如果其他人对这些意见有不同看法或更进一步的想法，可以把自己的意见贴在旁边，以期讨论。每周周五，各部门、各车间各自安排一个小时的时间讨论本周内员工的各项建议，以期取得一致意见，安排具体负责改进的人员和任务；如果本周无建议，那么研究下周的工作安排等事项。

3. 文化娱乐活动

公司开展了一系列文化娱乐活动，如摄影比赛、体育比赛、书画活动等，让每个员工都参与活动，充分展示他们各自的才能，同时让每个员工参加这些活动并比赛评奖。但评选方法并不是去找几位领导和专家来打分决定，而是把选票放在展品旁边，每个人都可以去投一票，选出自己认为最佳或最差的作品。

更有意思的是，D公司将食堂的桌椅都设计得富有变化，如桌子的形状有三角形、六角形、长方形、正方形、圆形等，椅子的色彩也富有变化。

一段时间后，上述这些活动变得难以深入展开了，因为老是这些活动，搞了几次便成了形式，员工们开始厌倦。该怎么办？是公司的理念未定，还是企业文化本身就很难从这些活动中建立？张总经理陷入深思，他希望从更高层次上来看待企业文化的问题，但从何处着手呢？

问题：

(1) 员工座右铭活动的实质是什么？员工座右铭活动与以人为本的管理相关吗？

(2) 集思广益活动有没有可能一直进行下去？

(3) 企业文化建设如何摆脱形式化，从而真正具有丰富多彩的个性化特点？

(4) 中外合资企业的文化冲突有哪些解决思路与方法？

三、技能测试

危机管理能力测试

测试导语：

危机既是危险又是机会，危机管理是企业在“刀尖上舞蹈”。危机管理绝不是危机出现以后才开始管理，而是要在危机发生之前采取措施，做到既及时又效果好，处理不好就会产生恶劣的后果。作为管理者，你不妨通过下面的测试来看看自己是否善于危机管理。

(1) 以往的成功经验让你陶醉，认为危机离你还很远，等危机到了再说。

A. 就这样

B. 不，你保持了一定的清醒

C. 你十分注意居安思危，危机意识强

(2) 危机出现，你是否会迅速组织企业成员为决策提供咨询？

A. 这是公关部门的事

B. 偶尔过问、组织一下

C. 是的，一个人的力量有限，你会组织相关人员作为智囊团

(3) 当智囊团意见不一时，你会如何处置？

A. 不知所从，左右摇摆

B. 听从主流意见

C. 在危机压力的影响下，团体思维会有一定局限，你会找出大家想法中的遗漏，在全面审核基础上做出决策

(4) 你是否会很快查明并面对危机事实？

A. 问题棘手，选择逃避

B. 偶尔过问、催促一下

C. 你会直面事实，尽快澄清事实

(5) 你是否会尽快成立危机新闻中心？

A. 没有注意到这方面

B. 发布部分消息

C. 你会尽快公开、坦诚、准确地告诉媒体实情，以免媒体从其他渠道探听不确实的消息

(6) 你是否会动员民间力量协助处理危机？

A. 没有注意到这方面

B. 偶尔会借助他们的力量

C. 民间力量是一种潜在资源，对舆论有很大说服力，你会运用这方面的资源

(7) 你是否会与政府官员、消费者、利益关系人直接沟通？

A. 很少如此

B. 偶尔如此

C. 你会及时告诉他们危机处理中的进展

(8) 你是否会通过内部渠道与员工沟通，尽量做到与发言人口径一致？

A. 没想到这一点

B. 偶尔如此

C. 你会组织员工一起共度危机，让每个人的发言都能代表公司立场

(9) 你是否会采取相应的补救措施？

A. 很少如此

B. 偶尔为之

C. 你会付诸补救行动，换回声誉

(10) 你是否会注意事后沟通与改造？

A. 没有注意到这方面

B. 有这个意识，但很少付诸行动

C. 是的，你从危机中吸取经验教训，从而推出更完善的产品和服务

评分标准：

选 A 得 1 分，选 B 得 2 分，选 C 得 3 分，然后将各题所得的分数相加。

测试结果：

(1) 总分为 24～30 分

你的危机应变能力较强，尽管形势十分紧急，但你心里已经有了一套清晰的处理方案。不过，你应该清楚居安想危、防范危机更加重要。

(2) 总分为 17～23 分

你的危机应变能力一般，在危机应变处理中，虽然你并没有逃避或者反应不及时，但不明朗的态度令你被动。记注：必须全力以赴处理危机，这关系到你和公司的未来。

(3) 总分为 10～16 分

你的危机应变能力较差，危机频发所造成的损失也日益严重，这是企业管理者无法避免的现实。因此，你需要提升机管理意识和敏感性，建立预防机制，责成自己在危机发生时敢于站出来积极应对。

四、管理游戏

龙马传奇

模拟背景：一个阳光灿烂的季节，一群来自现代化都市的职业探险家走入一片陌生而美丽的土地：四周群山环抱，草木森森，而眼前是一望无际的湖水……他们向往湖中那座神秘的小岛，他们要在岛上燃起炊烟、支起帐篷、享受沉静在湖光山色中的生活。但是，他们首先必须抓紧时间，在天黑以前用有限的原材料和工具扎一只竹筏，作为登岛的交通工具……

活动目标：

- 体验统一的目标和价值观对于团队绩效的重要性；
- 培养员工的创新精神；
- 练习“分析、目标、战略、计划、分工”的工作程序；

- 培养员工团队沟通和合作技巧；
- 回归自然，娱乐身心。

内容梗概：

- 同舟共济：各小组按照组织者事先提供的原始竹料、木板、绳子等，自行设计、制作一只竹筏，并用自制的竹筏划过规定的航道……所用原材料和工具较少、制作及划行速度较快、失误（有人落水）较少的队获胜。
- 旷野炊烟：架起土式的烧烤炉，让肉香在傍晚的空气中弥漫……
- 安营扎寨：两人帐篷、三人帐篷、四人帐篷，像一簇簇鲜花散落在青青的草地上……
- 篝火煽情：当篝火照亮夜空的时候，也照亮了每个人的心灵，所有的激情都在释放、燃烧……

五、项目训练

撰写某单位（如企业、学校等）的组织文化建设方案

实训目标：

(1) 培养初步运用组织文化管理理论解决问题的能力。

(2) 学会撰写组织文化建设方案。

实训内容与形式：

(1) 结合该单位的实际情况，收集相关资料，分析现有文化建设情况。

(2) 找出该单位现有文化建设中的不足之处。

(3) 对该单位的文化建设提出设想，并制订建设方案。

(4) 班级组织一次交流，每个小组推荐一名同学介绍自己的文化建设方案。

考核要求：

老师对制订的组织文化建设方案进行点评并判定成绩。

模块二

计划与决策能力

管　理　能　力　基　础

项目八　认识计划职能

项目九　编制计划

项目十　识别决策

项目十一　运用定性决策方法

项目十二　运用定量决策方法

项目八 认识计划职能

学习目标

知识目标

了解计划职能的概念、地位、种类；掌握计划职能的基本程序。

能力目标

制订计划（规划）方案；按基本程序执行操作计划方案。

思政目标

具有谋划一个组织（单位）发展计划（规划）的方略与素养。

案例导入 ▷▷

诸葛亮的"隆中策"

兴汉室，图中原，统一天下。先取荆州为家，形成"三分天下"之势；再取西川建立基业，壮大实力，以成鼎足之状；"待天下有变，命一上将将荆州之兵以向宛、洛，将军身率益州之众以出秦川"。这样，"大业可成，汉室可兴矣"。"北让曹操占天时，南让孙权占地利，将军可占人和"，内修政理，外结孙权，西和诸戎，南抚彝、越，等待良机。

思考与分析：诸葛亮的"隆中策"计划中是如何确定组织目标、制订分步实施方案与确定实现目标的指导方针的？

知识学习 ▷▷

一、计划职能概念与地位

1. 计划职能（Planning）的概念

（1）广义的计划职能是指管理者制订计划、执行计划和检查计划执行情况的全过程。

（2）狭义的计划职能是指管理者事先对未来应采取的行动所做的谋划和安排。

2. 计划职能的地位

计划职能在管理各项职能中的地位集中体现在首位性上。这种首位性一方面是指计划职能在时间顺序上是处于计划、组织、领导、控制四大管理职能的始发或第一职能位置上的；另一方面是指计划职能对整个管理活动过程及其结果施加影响具有首要意义。

二、计划的种类

1. 按计划的期限划分

(1) 长期计划：5 年以上的计划。

(2) 中期计划：1 年以上 5 年（含 5 年）以下的计划。

(3) 短期计划：1 年（含 1 年）以下的计划。

2. 按层次划分

(1) 战略计划：战略计划决定的是企业在未来某个时间段内的工作目标和发展方向，是企业最重要的一种计划。战略计划一般由企业的高层管理人员制订。它有三个显著特点：一是长期性；二是普遍性；三是权威性。

(2) 生产经营计划：生产经营计划是企业在战略计划的指导下，根据企业的经营目标、方针、政策等制订的计划。生产经营计划的特点是整体性和系统性，它一般包括利润计划、销售计划、生产计划、成本计划、物资供应计划等。另外，生产经营计划多以年度计划为主。

(3) 作业计划：作业计划是企业生产经营计划的实施计划，是企业的短期计划。作业计划的特点是具体明确，即它一般是由基层管理人员或企业负责计划工作的职能人员制订，指标具体，任务明确。

3. 按计划内容划分

(1) 专项计划与综合计划。

(2) 各种企业职能计划。

三、计划职能的基本程序

1. 分析环境，预测未来

在做计划时，首先管理者要考虑企业的各种环境因素，这既包括企业的内部环境，也包括企业的外部环境；既要考虑企业的当前环境，也要考虑企业的未来环境。其次管理者要分析外部环境，特别是分析和预测未来环境，为确定可行性目标提供依据。

2. 确定目标

目标通常是指组织预期在一定期间内达到的数量和质量指标。目标是计划的灵魂，也是企业行动的方向。

3. 设计与抉择方案

为实现目标，要合理配置人、财、物等诸种资源，选择实施途径与方法，制订两个以上的计划方案并选择一个合理的方案。

4. 编制计划

要依据计划目标与所确定的合理方案，按照计划要素与工作要求，编制计划。

5. 计划的实施与反馈

计划仍是纸上的东西，必须付诸实施。为了保证计划的有效执行，要对计划进行跟踪反馈，及时检查计划执行情况，分析计划执行中存在的问题，并对计划执行结果进行总结。

能力训练 ▷▷

一、复习思考

（1）计划职能包括哪几方面内容？

（2）计划类型如何划分？

（3）指出战略计划与作业计划、长期计划与短期计划、指导性计划与具体计划的异同。

二、案例分析

职业规划——职业晋升的前提

就读于某大学信息技术学院的张杰，在暑假社会实践中参加了一次国际大会的宣传活动。在这次活动中，他遇到很多志趣相投的人。他们经常在一起讨论工作，讨论世界著名企业的发展经历，张杰逐渐对人生有了一个清晰的目标，他产生了“进入国际大公司”的念头。

有了这个想法之后，张杰制订出非常详尽的计划，包括每个阶段应该做哪些事情，达到哪些标准，学到什么技术，考取什么样的技能证书，等等。每完成一项任务，他就会从计划表中划去一条。在大学学习期间，他一直坚持盯住目标不放，利用课余时间和假期参加一些大型公司的实习实训活动。这样的生活非常艰苦，白天上课，晚上加班到凌晨是“家常便饭”。有时候非常累，但他从不耽误学习。毕业后，张杰凭着他的丰富经历和优秀的学习成绩，顺利地在一家外资企业得到了工作机会，可是张杰并没有满足，他计划着找到合适的机会到名牌大学读研深造，或者是去国外进修、工作。

通过不断学习新的知识，也会丰富人生阅历，同时可能会有新的机遇出现，实现自己的职业目标。

问题： 张杰是如何进行职业规划的？

三、技能测试

测试你的计划能力

如果你是一家咖啡店的经理，你发现店内同时出现下列状况：

（1）许多桌子的桌面上有客人离去后留下的空杯未清理，桌面不干净待整理；

（2）有客人正在询问店内卖哪些品种的咖啡，他不知如何点咖啡；

（3）有客人点完咖啡，正在收银机旁等待结账；

（4）有厂商正准备送货，需要经理签收。

问： 针对上述同时发生的情况，你如何排定处理的先后顺序？为什么？

四、管理游戏

强渡金沙江

模拟背景：生活在云南边陲金沙江边的一个少数民族，每年春江水暖时，都要举行声势浩大的传统渡江比赛，有趣的是他们的渡江工具并不是“船”而是“桥”，而且除渡江速度外，桥的美观度、比赛选手的配合熟练程度等都是决定胜负的重要因素，在他们朴素的民间游戏中，包含着丰富的团队管理思想……

活动目标：

- 体验统一的目标和行为规范对于团队绩效的重要性；
- 领导能力和创新精神的训练；
- 练习“分析、目标、战略、计划、分工”的工作程序；
- 强化团队沟通和团队合作意识；
- 回归自然，娱乐身心。

内容梗概：

- 分组：所有参赛人员每 10 人为一组，按照龙、虎、狮、豹等命名。
- 任务：每组按照组织者事先提供的各种原材料和工具（包括纸板箱、封箱带、百得胶等），自行设计、制作两座相同的桥，并以这两座桥作为渡江工具，渡过规定宽度的“金沙江”。其中，所用原材料和工具较少、制作时间较短、渡江速度较快、桥身强度及美观度较高、计划性较好、队员的分工配合较优的组获胜。
- 渡江要求：同组的 10 个人全部站在 A 桥上，然后把 B 桥移到 A 桥前，10 个人再全部转移到 B 桥上……如此不断前进。游戏过程中桥不能塌陷，任何人不得从桥上掉下来……

五、项目训练

如何进行面谈

除交谈外，面谈可能是使用最频繁的沟通方式。面谈在组织正式沟通中出现得比较普遍。个体通过面谈来获得职位，通过面谈来获取信息而完成工作；管理者通过与下属面谈来了解他们的工作情况并且提供相应的建议和指导等。

面谈是如此普遍，甚至被认为是理所当然的。然而，一些管理者在实施面谈时却表现得不尽如人意。其原因是他们对待这种“目的性交流”太随便了，就像是一次普通的交谈。面谈的计划不周的后果就是，管理者不能在面谈中达到沟通的目的并获取所需要的信息，甚至会疏远与受访者的距离。

假设你是校学生会主席，目前是年终考评阶段。学校委任你通过与被考评者（各级学生会干部）的面谈来收集信息、分享意见、评估绩效等。你需要努力建立并维持合作的、友好的面谈气氛，你应该努力使面谈能够给你提供其他方式提供不了的信息，这些信息能够较好地为你的决策带来帮助。

模拟一个面谈环境，学生可以分组进行，由一些学生扮演学生会主席，一些学生扮演被面谈者（各级学生会干部），精心策划面谈的形式和内容，提高面谈沟通的技能。

如果你扮演的是学生会主席，你可以从以下几方面着手。

1. 计划面谈时的工作内容如下。

(1) 具体制订你的面谈目标，并计划一个面谈议程。

- 决定你的总目标：收集信息、说服、惩戒或评估。
- 形成议程，排列所有主题的优先级。

(2) 设计问题。

- 使问题的类型（封闭式或开放式）与目标一致。
- 写出议程中每一个主题的具体问题。
- 在你的问题中使用合适的语言。
- 避免有偏差或有指导性的问题。

(3) 制作面谈指南。

- 选择适宜的格式：结构化的、半结构化的或非结构化的。
- 在主题之间安排过渡。

(4) 选择与你的目标一致的面谈环境。

(5) 确认在面谈过程中可能发生的棘手问题，并制订突发性计划。

2. 实施面谈时的工作内容如下。

(1) 建立并维持合作的气氛。

- 问候受访者，先进行简短的社交性谈话。
- 通过不间断地分析和适应面谈的过程来培养积极的交流气氛。
- 使用有效的倾听技能和非语言的沟通方式（目光接触、姿势和手势）来促进合作。

(2) 开始面谈。

- 陈述面谈的目的。
- 澄清受访者和面谈者的角色。
- 详细说明面谈的时间框架。
- 指出信息将怎样被使用。
- 使用过渡来标明面谈的开始。

(3) 实施面谈。

- 使用面谈指南来控制面谈的进行。
- 当需要更详细的和清楚的信息时，使用探求性问题。
- 随着面谈的进行，灵活调整。

(4) 结束面谈。

- 给出面谈即将结束的信号。
- 概括你收集到的信息。
- 澄清细节或技术信息。
- 回顾什么将会作为面谈的结果而发生。
- 通过表达感谢来加强关系。

(5) 记录面谈的内容，采用适宜的格式。

- 在面谈后立即写出总结。
- 在面谈的过程中做记录（保持目光接触）。
- 使用录音机（在受访者同意的情况下）。
- 利用第二位面谈者来帮助你回忆。

项目九
编制计划

学习目标

知识目标

了解计划编制的内容；掌握计划编制的方法。

能力目标

能初步编制工作计划、撰写计划方案。

思政目标

在编制计划或方案中具有考量、体现党和国家方针政策的思维和修养。

案例导入▷▷

小赵有计划吗?

个体创业者小赵得知近来某高档啤酒销售的差价利润丰厚，就托关系以预付30%款项的方式从厂家批发5 000箱。同时招聘一批临时员工以每瓶2元回扣的报酬组织促销队伍，并安排餐饮店和宾馆代销。但因促销不力及市场变化等原因，半年后仍有2 000箱啤酒积压在库房。小赵的爱人骂他做事没有计划，但小赵感到很委屈。

思考与分析：你认为小赵有计划吗？为什么？

知识学习▷▷

一、编制计划的内容

（1）内外环境分析。企业外部环境有经济环境、社会环境、技术环境、自然环境、行业环境等。企业内部环境有人力资源、物力资源、财力资源、技术资源、信息资源和企业文化建设等。

（2）未来行动的目标。包括产量、销量、利润额等。

（3）未来活动的工作方案。包括活动内容、要求、途径、措施等。

（4）资源配置方案。包括执行人、资金保证、物资配备、完成时限等。

二、编制计划的方法

1. 因素分析法

这种方法是把直接因素分析与间接因素分析、质的分析与量的计算有机结合起来确定计划指标。

因素分析法的特点如下。

(1) 包含两个组成部分。首先,要找出影响计划指标的各种因素;然后,在一定假设条件下,根据企业的实际经济资料进行计算。

(2) 要求四步走。第一,计划工作人员要在理论分析的基础上,准确把握影响计划指标的各种因素;第二,根据实际工作经验,判断这些分析的准确性;第三,把各种因素具体化,并建立具体的计算公式;第四,整理计算所需的各种数据,再依据公式进行计算。

2. 滚动计划法

这种方法是在每次编制修订计划时,根据前期计划执行情况和客观条件变化,将计划期向未来延伸一段时间,使计划不断向前滚动、延伸,故称滚动计划法。

滚动计划法的特点如下。

(1) 计划期分为若干个执行期,近期计划内容一般制订得详细、具体,是计划的具体实施部分,具有指令性;远期的内容则较笼统,是计划的准备实施部分,具有指导性。

(2) 计划在执行一段后,要对以后各期计划内容作适当修改、调整,并向未来延续一个新的执行期。

例如,某电子公司在 2015 年制订了 2016—2020 年的五年计划,采用滚动计划法。到 2016 年年底,该公司的管理者就要根据 2016 年计划的实际完成情况和客观条件的变化,对原定的五年计划进行必要的调整和修订,据此编制 2017—2021 年的五年计划,依此类推,如图 9-1 所示。

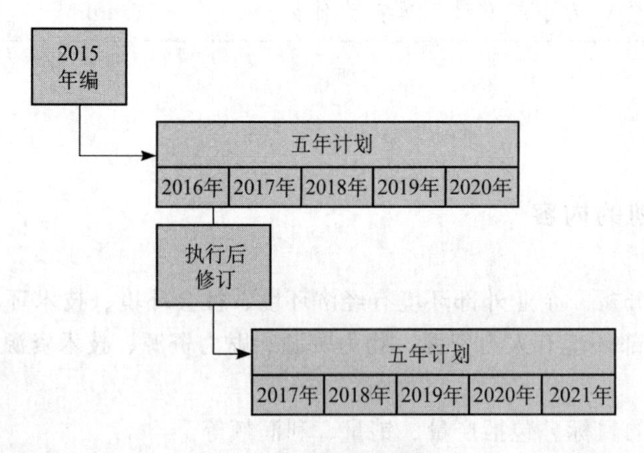

图 9-1 滚动计划法

滚动计划法的优点如下。

(1) 可使计划与实际紧密结合,提高计划的准确性,更好地发挥计划的指导作用。

(2) 使长期计划、中期计划、短期计划有机结合,从而使计划与不断变化的环境因素相协调，使各期计划在调整中一致。

(3) 具有相当的弹性，可以有效规避风险，适应竞争需要，提高组织应变力。

三、计划文书的构成

不同类别的计划书结构不同，但是计划书的构成与计划过程的顺序应该是一致的。一般地，企业的计划书大致有以下 8 个部分（共计 11 项内容），如表 9-1 所示。

表 9-1　计划书的构成

部　分	内　容	说　明
1. 计划导入	(1) 封面	计划书的封面，应充满魅力
	(2) 前言	表明计划者的动机及计划者的态度
	(3) 目录	计划书的目录
2. 计划概要	(4) 计划概要	概述计划书的整体思路与内容
3. 计划背景	(5) 现状分析	明确计划的出发点，说明计划的必要性及其前提
4. 计划意图	(6) 目的、目标设定	确定计划的目的、目标，说明计划的意义
5. 计划方针	(7) 概念的形成	明确计划的方向、原则，规定计划的内容
6. 计划构想	(8) 确定实施策略的结构	明确计划实施的结构及其组织保证，提高计划的效果
	(9) 具体实施计划	计划的具体内容，将实现目标的方法具体化
7. 计划设计	(10) 确定实施计划	实施计划所需时间、费用及其他资源；预测计划可能获得的效果
8. 附录	(11) 参考资料	附加的与计划相关的资料，增加计划的可信度

四、计划书的构成样例

促销活动计划书（店内促销）

1. 计划的名称

(1) 活动名称；(2) 副标题。

2. 计划的目的（销售促进等）

3. 计划的主题（活动主题）

4. 对象商品

5. 计划的内容（如赠品种类、赠品的赠送方法）

6. 计划的对象（目标顾客）

7. 计划的目标（来店客人数、促销期间的销售量等）

8. 促销场所（店内）

9. 促销时间

10. 店内装饰

11. 制品种类（广告传单、POP、卡片等）

12. 通知方法（广告等）

13. 运营计划

(1) 店内任务安排；(2) 与以往计划的区别。

14. 计划的效果（顾客数、销量以外的预期效果）

商业计划书

一、公司简介

A公司是一家专业生产、经营顶级品牌电动自行车、电动摩托车、电动喷雾器等系列产品的企业。

A公司创建于2017年7月，目前，拥有生产流水线两条，固定资产800万元，员工120多人，其中高级管理人员10人，中层管理人员15人。A公司于2019年6月通过了国家生产许可证的验收，其系列产品2019年被省质量监督局抽查测定为合格产品。2020年3月通过北京中大华远认证中心的ISO9001质量体系认证。

A公司在电动车行业的产销量名列前茅，A公司的电动车在浙江省的县市级市场上占有率达80%；渗透了福建省、江西省、安徽省、重庆市、广西省等省市级市场；通过了浙江省、江苏省、上海市、山东省等省市的新产品鉴定，并在以上各省份公安厅上了目录。

A公司将以打造A品牌为企业目标，发展多元化经营，加快网络建设；开展网络服务和电子商务，努力将本公司建设成集研制、开发、生产、销售、信息网络服务、科技服务于一体的区域性乃至全国性的电动车企业。

二、市场分析

1. 品牌定位

争做电动车行业的领导品牌。

2. 目标市场

县级、地级市场（25～35岁的女性为主要目标消费群）。

3. 市场前景

21世纪已经到来，几十年的改革开放使中国大地发生了巨大的变化，市场已不再是昨天的市场。各行各业的人们在不同的领域中拼搏发展，或沉或浮，实现各自的理想。在走过原始积累的辛酸苦辣后，他们成为社会财富的拥有者。高新技术产业的迅猛发展加快了信息的传递速度，使国内电动车市场前进的步伐不断加快。电动自行车是一个新兴的事物。在自然资源日渐减少、城市环境日渐恶劣、人们的生活需求日需提高的情况下，电动自行车成为风靡一时的产品。不仅国内市场如此，国外市场亦是如此。公司在阿里巴巴注册的网站，外商的访问率居高不下，良好的市场前景为电动车行业带来前所未有的机遇和挑战。

目前，公司引用人才，布好棋局，提炼公司核心价值，提高自身的竞争力，在产品质量管理、新产品开发、营销策略制订等方面都充分体现出公司“做大、做强”的定位需求。

4. 产品优势

低噪音，高效率，驱动力矩大，无火花换向。

5. 市场现状

2020年的浙江电动车市场，由于绿源、小飞哥、欧豹、以人等国内厂家控制了近70%的市场，因而整个市场运行大体平稳，但里面同样潜伏着引起市场动荡的因素。

(1) 价格仍是导致电动车市场最不稳定的因素。尽管电动车前四大品牌控制着绝大部分市场，但部分区域品牌想扩大市场份额，往往用低价策略来扰乱市场。另外，几个大品牌在市场的压力下，也在暗中较劲，其中不乏降价抢占市场者。这些都是可能导致电动车价格战的不确定因素。

(2) 相比摩托车而言，电动车的技术含量较低，电动车企业之间的竞争更多地体现在成本上。随着几大品牌的规模逐渐形成，成本优势相差无几，因此电动车行业技术升级之战不可避免，节能、绿色、数字化等技术革新将引发新的竞争。

(3) 从整体上看，目前电动车市场仍处于供大于求的状况，竞争渐趋白热化，加之电动车电机、电池不稳定，许多老企业面临生产设备和技术更新的难题。激烈的竞争使厂家面临多重压力，市场份额向大品牌集中，小品牌的市场份额正在大幅下降，部分企业甚至已处在挣扎线上。

(4) 从市场需求情况看，电动车消费的档次将逐步拉开，一些整体品质卓越的高品位电动车将成为市场消费的主流，技术含量高的精品电动车因具有绝对的换代优势而受到欢迎。

(5) 由于电动车在农村的普及速度加快，一些低价位电动车的需求重心由城镇居民家庭向城郊农村地区家庭延伸，需求总量呈稳步上升之势，产销状况趋势向好，生产处于良性循环的合理区域内。

(6) 地区性品牌借助地缘资源在当地拥有相当的市场占有率。因为其自身资源、经营管理、销售网络等原因，形成了一定的区域壁垒。

由上面的市场状况分析可知：

(1) 技术竞争必将升级。随着电动车行业第二轮高速发展期的来临，国内电动车市场的格局将面临着重新洗牌，新老两大阵营之间的对抗将围绕如何赢得电动车换代市场来进行。

(2) 电动车企业的营销管理能力将受到严峻考验。绿源及其他新进入者，营销管理规范，系统运作高效，市场控制力强，市场策划一流，A电动车将如何应对，如何强化自我的营销能力，将成为对A电动车的最大考验。

6. 融资计划

公司计划以借贷形式，一次性借贷100万美元，用于新品开发、设计、市场推广、广告投入及扩大生产规模。其中，20万美元用于市场推广及广告费用；80万美元用于其他营运活动。公司计划两年收回运营资本。

三、市场推广

1. 营销策略

品牌定位：中高档。

目标市场：国内二级、三级城市。

渠道策略：特许经营、专卖连锁。

产品策略：在建立行业品牌形象后，向相关联的领域拓展，营造属于A品牌的形态意识。

2. 推广预测（见表9-2）

表9-2　市场推广预测表

年份/年	终端网络/家	销售额/亿元
2020	50	0.5
2021	100	1
2022	200	1.5
2023	350	2

在销售额达到1亿元时，计划扩大生产规模（土地征用、厂房建设及设备投资），达到年产A电动车10万辆的目标，满足2亿元的年销售额的需求。通过一系列运作，于2023年完成2亿元销售额，发展终端网络350家，年生产A电动车10万辆。A品牌在中国的二级、三级城市的一类商场或街面拥有专柜或专卖店，并扩展到经济发达的一级城市。A品牌成为中国电动车行业的领导品牌，成为消费者的首选品牌。

四、管理目标

A公司营销管理工程，以“责任清楚、机构合理、规范运作、提高效率、赏罚分明”为目标，通过组织架构的设定和业务流程的重新梳理，将A公司建设成为以客户为中心、以市场为导向的现代营销型公司，使其不但能够出色地完成公司下达的营销任务，而且能够在竞争越来越激烈的市场中引领整个A公司稳健发展、更加壮大。

通过明确相关岗位工作流程及相关岗位的岗位功能，界定相关岗位的岗位责任，制定相关岗位的工作制度，如绩效评估、激励考核及奖罚制度，管理派出机构，建立各类规范化表格（如销售日报表、业务人员工作计划表、绩效考核表等），建立营销服务体系（服务的流程、规范、制度、政策、特色）等。

五、回报分析

按4年预期目标计算。

年销售额：2亿元

产品成本：2亿元×50%=1亿元

市场推广、广告营销费用：2亿元×20%=4 000万元

税 收：2亿元×10%=2 000万元

利 润：2亿元×20%=4 000万元

能力训练 ▷▷

一、复习思考

(1) 计划制订和计划执行是否都属于计划职能？为什么？

（2）编制计划有哪些方法？
（3）说说计划文书的构成。

二、案例分析

刘强制订的红叶衬衫市场计划

1. 估量机会

首先，我们要做全面的市场研究。

（1）市场

全国衬衫市场销售总额在2020年略微下降了1～2个百分点。

（2）竞争

泰鑫是全国衬衫市场中的佼佼者，它推出的全麻系列的衬衫因为用料新颖，透气性好，价格适中而风靡全国，并且成为首屈一指的麻质服装品牌。

红叶现在面临着泰鑫咄咄逼人的进攻。泰鑫做的广告似乎是冲着红叶来的，如“花一半的价钱，享受与全棉衬衫一样的舒适感觉”……

更多的高档衬衫生产厂家退出了竞争。

（3）顾客需求

衬衫的消费群越来越对全棉衬衫感兴趣。

（4）我们的优势

红叶是全国知名品牌，一直被消费者认为是高档衬衫的代表。2020年，红叶公司的利润总额超过900万元，质量、生产技术、研发能力领先。

（5）我们的弱点

成本居高不下。

然后，我们可以做进一步的市场研究。

（1）对整个市场规模作估计，对今后几年的发展速度作预测。

（2）分析消费者行为，特别要关注人数众多的农村消费者。根据分析结果对市场进行细分。

（3）对以泰鑫为首的竞争者进行分析，找出他们的竞争优势和可能的弱点。

最后，对于一些比较模糊的信息，也需要做进一步的分析。

（1）红叶衬衫是全国知名品牌，一直被消费者认为是高档衬衫的代表。

红叶衬衫的消费者都是哪些类型的消费者？为什么认为红叶是高档衬衫的代表？

（2）泰鑫推出的全麻系列的衬衫因为用料新颖，透气性好，价格适中而风靡全国，泰鑫因此成为首屈一指的麻质服装品牌。

泰鑫衬衫的消费者都是哪些类型的消费者？

虽然衬衫市场销售总额在2020年下降了1～2个百分点，红叶却维持了2%～3%的增长。

这是否说明红叶的市场潜力依然在增大？红叶保持增长动力的主要原因是什么？

2. 确立目标

- 我们要向哪个方向发展？

- 打算实现什么样的目标?
- 计划什么时候实现?

3. 确立计划的前提条件

我们的计划在什么样的环境下实施?(包括企业内部的和外部的环境)

SWOT分析如下。

- 优势(Strengths):红叶衬衫是全国知名品牌,一直被消费者认为是高档衬衫的代表。红叶衬衫公司有畅通的分销渠道和较强的研发(新产品开发)能力。
- 劣势(Weaknesses):产品线较短,价格无优势。
- 机会(Opportunities):整个衬衫市场虽然有所起伏,但随着中国城乡居民收入的提高,市场容量仍有扩大的可能。一批高档衬衫生产厂家退出,以红叶衬衫为代表的高档品牌可以占据更大的市场份额,规模经济效应凸现。
- 威胁(Threats):传统衬衫面临着以麻为面料的新型衬衫的挑战。后者在价格、性能上均有一定的优势。以麻为面料的新型衬衫的厂家泰鑫已取得了一定的市场份额,成为红叶衬衫公司主要的市场挑战者。

4. 拟定可供选择的方案

为了实现目标,最有希望的备选方案是什么?

(1)可采取的市场竞争备选策略1

- 市场竞争策略不变;
- 进入低端市场(100~150元以下);
- 进入超高端市场(500~700元);
- 同时进入低端、超高端市场。

(2)可采取的市场竞争备选策略2

衬衫市场的竞争将使市场份额和利润均难以大幅增长。是否在条件成熟时开辟新的市场,进入相关行业?

在服饰领域,衬衫的品牌很容易被其他服装(如西服、休闲服等)所认同。因此,红叶可以考虑拓宽产品的生产线,进入整个服装市场。

5. 根据目标比较各备选方案

确定哪种方案最有可能使我们以最低的成本和最高的效益实现目标。

6. 选择方案

选择我们要采取的行动方案。

7. 编制辅助计划

常用的辅助计划如下:

- 设备购买计划
- 材料采购计划
- 员工招聘与培训计划
- 新产品开发计划
- 生产计划
- 市场营销计划
- 品牌计划

⋮

红叶衬衫的辅助计划如下。

(1) 定牌生产

鉴于各厂家在全棉衬衫的生产工艺及产品质量上的差异已经很小，红叶可以考虑用定牌生产（OEM）的方式生产低端全棉内衣，通过外包，可以缩减成本。

(2) 品牌

区分高、低端的不同品牌。

高端产品是用来加强品牌形象的，可以采用"红叶签名系列""金红叶"等同"红叶"相关的更高档次的品牌。

低端产品不要使用红叶衬衫高端产品的品牌，可以采用"绿叶"等品牌，以与高端产品相区别。

(3) 市场营销

加强市场研究，包括对服装流行趋势的研究、对顾客消费倾向的研究、对顾客满意度的研究、对行业变化的研究和对竞争对手的研究等。

8. 编制预算使计划数量化

编制如下预算：

- 产量和销售价格；
- 必要的运营支出；
- 设备的资金支出。

问题：刘强制订的红叶衬衫市场计划符合要求吗？为什么？

三、技能测试

目标动机测试

测试导语：

目标动机是追求成功的动力。在成功人士中，目标动机最强的人往往最具有工作动力，他们会一心一意地追求既定的目标。本测试将衡量你在追求成功的努力和自我牺牲的程度，请选择与你情况相似的答案。

(1) 你尽可能有效地把每一分钟用在工作上。

A. 完全不符合我　　B. 不太符合我　　C. 无法确定

D. 基本符合我　　E. 完全符合我

(2) 你每天要做的事情太多了，就算用上一整天都不够。

A. 完全不符合我　　B. 不太符合我　　C. 无法确定

D. 基本符合我　　E. 完全符合我

(3) 你经常利用零碎时间工作，如在赛车时阅读。

A. 完全不符合我　　B. 不太符合我　　C. 无法确定

D. 基本符合我　　E. 完全符合我

(4) 如果熬夜有助于按时完成工作，那么你可以彻夜不眠。

A. 完全不符合我　B. 不太符合我　C. 无法确定
D. 基本符合我　E. 完全符合我

(5) 你喜欢同一时间做很多工作。
A. 完全不符合我　B. 不太符合我　C. 无法确定
D. 基本符合我　E. 完全符合我

(6) 你经常周末加班。
A. 完全不符合我　B. 不太符合我　C. 无法确定
D. 基本符合我　E. 完全符合我

(7) 你比任何同时入职的人做了更多工作。
A. 完全不符合我　B. 不太符合我　C. 无法确定
D. 基本符合我　E. 完全符合我

(8) 朋友说你工作像拼命。
A. 完全不符合我　B. 不太符合我　C. 无法确定
D. 基本符合我　E. 完全符合我

(9) 总是有一些事务和约会等待你处理。
A. 完全不符合我　B. 不太符合我　C. 无法确定
D. 基本符合我　E. 完全符合我

(10) 一刻不工作你就忧心如焚。
A. 完全不符合我　B. 不太符合我　C. 无法确定
D. 基本符合我　E. 完全符合我

(11) 你经常设定超出能力所及的工作。
A. 完全不符合我　B. 不太符合我　C. 无法确定
D. 基本符合我　E. 完全符合我

(12) 认真工作时，你会将与工作无关的一切都抛在脑后，即使是重要的私事。
A. 完全不符合我　B. 不太符合我　C. 无法确定
D. 基本符合我　E. 完全符合我

(13) 你很少把工作带回家。
A. 完全不符合我　B. 不太符合我　C. 无法确定
D. 基本符合我　E. 完全符合我

(14) 你尽可能减少工作时间。
A. 完全不符合我　B. 不太符合我　C. 无法确定
D. 基本符合我　E. 完全符合我

(15) 你把工作交给别人时，总是担心别人不能胜任。
A. 完全不符合我　B. 不太符合我　C. 无法确定
D. 基本符合我　E. 完全符合我

(16) 对你而言，工作只是生活中的极小部分。
A. 完全不符合我　B. 不太符合我　C. 无法确定
D. 基本符合我　E. 完全符合我

(17) 你经常觉得“多做无益”。

A. 完全不符合我　　B. 不太符合我　　C. 无法确定
D. 基本符合我　　E. 完全符合我

(18) 如果可能，你根本不想工作。
A. 完全不符合我　　B. 不太符合我　　C. 无法确定
D. 基本符合我　　E. 完全符合我

(19) 你的职位可以更上一层楼，但你不想卷入职位竞争中。
A. 完全不符合我　　B. 不太符合我　　C. 无法确定
D. 基本符合我　　E. 完全符合我

(20) 如果打打零工可以糊口，对你来说那是最好不过的了。
A. 完全不符合我　　B. 不太符合我　　C. 无法确定
D. 基本符合我　　E. 完全符合我

(21) 你觉得休假很轻松，你喜欢享受心情，什么事也不做。
A. 完全不符合我　　B. 不太符合我　　C. 无法确定
D. 基本符合我　　E. 完全符合我

(22) 碰到好天气，偶尔你会放下工作，到郊外去玩。
A. 完全不符合我　　B. 不太符合我　　C. 无法确定
D. 基本符合我　　E. 完全符合我

(23) 你相信“爬得越高，跌得越重”。
A. 完全不符合我　　B. 不太符合我　　C. 无法确定
D. 基本符合我　　E. 完全符合我

(24) 你相信懂得花钱就可以不必辛苦工作。
A. 完全不符合我　　B. 不太符合我　　C. 无法确定
D. 基本符合我　　E. 完全符合我

(25) 你认为整天工作的人令人乏味，不把工作看得太重的人大多比较有趣。
A. 完全不符合我　　B. 不太符合我　　C. 无法确定
D. 基本符合我　　E. 完全符合我

评分标准：

1～12 题，选择 A 不得分，选择 B 得 1 分，选择 C 得 2 分，选择 D 得 3 分，选择 E 得 4 分；13～25 题，选择 A 得 4 分，选择 B 得 3 分，选择 C 得 2 分，选择 D 得 1 分，选择 E 不得分。将各题所得的分数相加。

测试结果：

(1) 总分为 0～30 分

这类人要成功会面临两难的困境，要成功，却不想工作。如果想成功，就要克服这种缺乏工作动机的毛病，否则成功的机会微乎其微。

(2) 总分为 31～35 分

这类人追求成功的动机稍高，但是还不到可以为成功而打算加倍努力的程度，存在着“守株待兔”——坐等成功的想法。这类人只适合在公司基层工作。

(3) 总分为 56～70 分

这类人秉承“有多少做多少”的哲学，不会为了成功而过度努力，会在容易做到的范围内尽量去做，是个实用主义者，依照形势来决定动机的强弱程度。这类人只有在有压力或者成功非常有诱惑力时，才会通过努力获得成功。

(4) 总分为71～85分

这类人会利用对自己有利的形势，会鞭策自己去创造机会。他们事业心强，清楚自己的方向，工作态度认真，会做长期计划。他们的自信和精力来自于他们不变的目标和对本行业基本知识的了解。

(5) 总分为86～100分

小心，你已沦为“工作狂”。获得成功不是你的问题。这类人应注意处理好人际关系，成功将会更完美，否则容易成为孤家寡人。

四、管理游戏

抓手指

目的：集中注意力。

方法：学生围成一个圆圈，面向圆心站好，然后把左手张开伸向左侧人，把右手食指垂直放到右侧人的掌心上。

教师发出“原地踏步走”的口令后，全体踏脚步。教师可用“1，2，1”的口令调整步伐。当发出“1，2，3”的口令时，左手应设法抓住左侧人的食指，右手应设法逃掉，以抓住次数多者为胜。

规则：

(1) 抢口令者抓住无效；

(2) 手掌不张开，抓住无效。

五、项目训练

编制销售月度计划

实训目标：

(1) 增强对销售月度计划的感性认识；

(2) 培养编制销售月度计划的初步能力。

实训内容与形式：

(1) 深入一家商贸企业进行参观与调研，了解企业的销售情况。

(2) 运用所学知识，结合该企业的实际，编制一份简单的销售月度计划。

(3) 选一份编制较好的计划在全班组织交流与研讨。

项目十 识别决策

学习目标

知识目标

了解决策的概念、分类；掌握决策的程序。

能力目标

能识别决策的影响因素；能按决策程序进行决策。

思政目标

培养果敢、科学的决策素质。

案例导入 ▷▷

出游地点的确定

北京某高中期中考试刚结束，同学们考得都不错，班长提议出游，大家一致赞同。为了确定出游地点，班长召开班委会，研究出游地点问题。

同学甲提出去颐和园玩，同学乙反对，说那里去的次数太多了，没有什么新鲜感。同学丙提出去爬香山，同学丁反对，说现在那里人太多了看不到风景。同学戊提出去游乐场玩，同学乙又反对，说有同学受不了那刺激。

就这样，建议一个个被提出，又一个个被否定，最后还是没有敲定出游的地点，班委会不欢而散。

思考与分析：这是一种什么类型（方式）的决策？说说其显著的缺点。

知识学习 ▷▷

一、决策及分类

（一）决策的概念与重要性

1. 决策的概念

决策是指管理者为实现组织目标，运用科学理论和方法从若干个可行性方案中选出优化方案，并加以实施的活动的总称。

从广义上讲，管理决策包括调查研究、预测、分析研究问题，设计与选择方案，直至付诸实施等一系列活动。从狭义上讲，决策仅指对未来行动方案的抉择行为。

2. 决策的重要性

(1) 决策是计划职能的核心。履行计划职能，最核心的环节是进行决策。

(2) 决策事关工作目标能否实现，乃至组织的生存与发展。因为决策失误，必然导致管理与经营行为的失败。

(二) 决策的类型

1. 按决策的作用范围划分

(1) 战略决策，指有关组织长期发展等重大问题的决策。

(2) 战术决策，指有关实现战略目标的方式、途径、措施的决策。

(3) 业务决策，指组织为了提高日常业务活动效率而做出的决策。

2. 按决策的时间划分

(1) 中长期决策，一般为5～10年，甚至时间更长。

(2) 短期决策，一般在1年以内。

3. 按照制定决策的层次划分

(1) 高层决策，指组织中最高层管理人员做出的决策。

(2) 中层决策，指组织内处于高层和基层之间的管理人员所做的决策。

(3) 基层决策，指基层管理人员所做的决策。

4. 按决策的重复程度划分

(1) 程序化决策，指按原已规定的程序、处理方法和标准进行的决策，如签订购销合同等。

(2) 非程序化决策，指对不经常发生的业务工作和管理工作所做的决策，如新产品开发决策等。

5. 按决策的时态划分

(1) 静态决策，指一次性决策，即对所处理的问题一次性敲定处理办法，如公司决定购买一批商品等。

(2) 动态决策，指对所要处理的问题进行多期决策，在不断调整中决策，如公司分三期进行投资项目的决策等。

6. 按决策问题具备的条件和决策结果的确定性程度划分

(1) 确定型决策。

(2) 风险型决策。

(3) 不确定型决策。

7. 按决策行为划分

(1) 个体决策

① 影响决策过程的个体因素

个人的感知方式，特别是经验、个人的价值观、道德标准、行为准则等。

② 个体决策的优缺点

优点：决策速度快；责任明确。

缺点：容易出现因循守旧、先入为主等问题。

（2）群体决策

① 影响决策过程的群体因素

特有的群体心理现象，如舆论、从众、默契、情绪、士气等。

② 群体决策的优缺点

优点：可以掌握更多的信息；可以提出更多的可选方案；参与决策可以使参与者更好地了解制定的决策方案，使满意度提高，有利于决策的实施。

缺点：决策所用的总时间比个人决策长；过多地依赖群体决策，会限制管理者采取迅速、必要行动的能力；容易出现责任不清的问题。

二、决策程序

决策所要解决的问题复杂多样，决策的程序也不尽相同，但一般都遵循一些基本程序。

（一）发现和确定问题

决策者根据目标发现和确定问题，是决策过程的起点。所谓问题就是应有状况与已被认识的现状之间的差距，决策者必须弄清楚是否存在需要解决的问题，若有，则需要进一步了解问题的表现（其时间、空间和程度）、问题的性质（其迫切性、扩展性和严重性）和问题的原因，以便对问题有个清楚的认识。

发现和确定问题必须做好调查研究和分析预测两项工作。调查研究是从环境出发，通过收集大量的信息，对各种限制因素进行分析，通过问题的表面现象确定问题所在以及造成问题的真正原因。分析预测是运用一定的定性方法和定量方法研究问题未来的发展趋势，预测未来，以便尽早做好预防工作。

（二）确定决策目标

决策是为了解决问题，在所需要解决的问题明确以后，还要指出这个问题能不能解决。有时由于客观环境条件的限制，尽管管理者知道存在某些问题，也无能为力，这时决策过程就到此结束。

若问题在管理人员的有效控制范围内是可以解决的，则要确定应当解决到什么程度，问题解决后应达到怎样的效果，这就是要明确决策目标的问题。

决策目标是指在一定的环境和条件下，根据预测所希望得到的结果。目标是决策方案的指导，目标的确定十分重要，同样的问题，由于目标不同，可采用的决策方案也会大不相同。

（三）设计方案

为解决问题，实现目标，需要拟定可供选择的行动方案，即设计方案。设计方案要紧紧围绕决策目标，通过个人研究和会议协商相结合的形式，根据已经具备和经过努力可以具备的各种条件，充分发挥想象力和创造性，不拘泥于经验和实际，来确定各备选方案。

方案的拟定应遵循下列原则。

(1) 方案的目的应当是明确的、可测验的，不能含糊其辞，泛泛而谈，且尽可能使用乘法的方式表达。

(2) 方案必须是可行的，实现方案的条件必须具备，风险必须估计，否则只能是纸上谈兵。

(3) 所有方案的目标及实现手段必须是合法、合理的，不能同国家法律相抵触，不能违背社会道德。

(四) 评价和选择方案

评价和选择方案要注意以下几点。

(1) 要看各方案是否有利于决策目标的实现，与决策目标无关或关系不大的方案要排除。

(2) 根据组织的大政方针和所掌握的资源来衡量每一个方案的可行性，并据此列出各方案的限制因素，限制条件太多的方案要排除。

(3) 确定各种方案可能带来的效益和可能产生的各种后果，有不利后果的方案要排除。

(4) 根据可行性、满意程度和可能产生的后果，比较哪一个方案最为有利，从而做出选择。

(五) 实施和审查方案

方案的实施，本身并非决策活动，但它属于决策过程不可缺少的一个步骤。实施和审查方案的步骤如下。

(1) 试验实证

即在局部范围内，以试验的方式试行该方案，以便验证其在典型条件下是否可行，观察其效果，为全面实施做好准备。

(2) 反馈

方案总有和目标不一致之处，总有疏忽和缺陷，因此应在决策实施过程中建立信息反馈渠道，及时检查方案实施情况，发现偏差，查明原因，对已有方案进行修正和完善，真正地解决问题。反馈是对原有方案的再审查和再改进，它构成决策过程的一个阶段。

(3) 追踪决策

当原有决策的实施情况出乎意料或遭遇难以预测的重大变化，需要对方案重新审查或推倒重来时，就需要进行新一轮的决策——追踪决策。

追踪决策与一般决策的不同之处在于：①回溯分析，从头分析决策的环境、程序等，但并不扔掉原有的合理内容；②起点非零，原有决策已实施部分会影响环境，改变问题的提法，必须加以认真分析，在此基础之上，做出正确的判断；③双重优化，追踪决策既要比原先的决策完善，又要在新的各种方案中是最好的。

能力训练 ▷▷

一、复习思考

(1) 简述决策的概念和地位。
(2) 简要分析决策的过程。
(3) 如何划分决策的类型?

二、案例分析

华为出售荣耀的决策

2020 年 11 月 17 日华为投资控股有限公司与深圳市智信新信息技术有限公司签署了收购协议，华为完成对荣耀手机品牌以及相关业务的全面出售。这意味着华为将不再拥有荣耀任何股份，也不再负责或参与荣耀任何的生产经营活动。2019 年荣耀手机在国内的市场份额高达 13%。从荣耀手机的销售数据来看，盈利能力并不是华为放弃该品牌的原因。华为放弃荣耀手机的真正原因是，美国的禁令导致关键技术不能够持续获得。例如，手机中需要使用到的高端麒麟处理器芯片，台积电未来能否为华为代工生产 5 nm 工艺芯片存在极大的不确定性。如果华为、荣耀这两个手机品牌只能够保存一个，那么荣耀势必会做出牺牲，有点“弃车保帅”的意味。

华为为何会决定出售荣耀呢? 原因如下：其一，为了让荣耀这个品牌能够保存下来，让华为一手培养的“孩子”不至于在美国的打压下消亡；其二，荣耀品牌依然具有较强的市场号召力，能够为收购方带来一定的盈利；其三，能够确保荣耀手机的代理商、经销商的利益不至于受到损失；其四，更换控股主体后，可以规避美国禁令的限制，从而去做华为无法完成的事情；其五，当前荣耀业务并未受到美国禁令过多的冲击，及时止损，至少可以卖一个好价钱。华为出售荣耀品牌可谓是“断臂求生”，不得已而为之，但是也不失为一个好的商业决策案例。

问题：

(1) 分析华为出售荣耀的决策环境及因素。
(2) 在面对复杂困难的问题时，决策需要遵循哪些基本程序?

三、技能测试

测试你的单独决策能力

你去找一个久未谋面的朋友，你只有他的住址但不知道具体位置，你会用什么方法到达目的地呢?

A. 看地图
B. 找路标或标志性建筑

C. 问路边的行人

D. 直接坐出租车

参考答案

选择 A：你非常独立，适合单独做投资决策，你在做出决策后会非常自信，觉得自己可以承担由此带来的风险。相信自己的直觉是你的特点。

选择 B：你的独立性一般，喜欢在做出投资决策前询问别人的意见。即使做出了决定，你也会不断考量决定的正确性。

选择 C：你有些依赖别人，希望别人能够帮你做出投资决定。如果要你独立来做一个投资决定，你会感到非常恐惧，甚至会选择逃避。

选择 D：你非常依赖别人，如果没有人替你做决定，你在投资理财方面很有可能会无所作为。如果你这样发展下去，你的投资很难获得成功。

四、管理游戏

万花筒

比赛项目：50 人混合团体比赛。

比赛规则：

所有的参赛者务必记住以下的 7 条口诀：

牵牛花 1 瓣围成圈；杜鹃花 2 瓣好做伴；

山茶花 3 瓣结兄弟；马兰花 4 瓣手拉手；

野梅花 5 瓣力气大；茉莉花 6 瓣好亲热；

水仙花 7 瓣是一家。

50 人随意站立在指定的圈内，游戏开始。主持人击鼓念儿歌，主持人的儿歌随时会停止。当主持人喊到“牵牛花”时，只要 1 个人站好就可以；当主持人喊到“山茶花”时，场内的参赛者，必须迅速包成 3 个人的圈；当主持人喊到“水仙花”时，要结成 7 个人的圈。凡是没有能够与他人结成圈或者结圈数字错误的就被淘汰出局，圈子里最后剩下的人为赢家。

点评：要求你的反应敏捷，动作迅速，当然记忆力要相当的好，50 个人的大游戏，难免会乱作一团，所以你要记得相信自己！

奖励方法：等圈内剩余人数为 5 人左右时，游戏停止，剩余的人获得个人奖。

游戏时间：每轮 15 分钟左右。

游戏人数：每轮游戏人数为 30～50 人。

奖品数量：每轮游戏奖品数量根据实际情况而定（10 份以下）。

项目十一
运用定性决策方法

学习目标

知识目标

掌握头脑风暴法、哥顿法、德尔菲法、电子会议法的特点与内容。

能力目标

区分头脑风暴法、哥顿法、德尔菲法、电子会议法的异同；能初步运用头脑风暴法、哥顿法、德尔菲法、电子会议法进行决策。

思政目标

培养定性决策的思维方式。

案例导入 ▷▷

"坐飞机扫雪"

有一年，美国北方格外寒冷，大雪纷飞，电线上积满冰雪，大跨度的电线常被积雪压断，严重影响通信。许多人试图解决这一问题，但都未能如愿以偿。后来，电信公司经理应用奥斯本发明的一种出主意的方法，尝试解决这一难题。他召开了一种能让头脑卷起风暴的座谈会，参加会议的是不同专业的技术人员，他要求与会者必须遵守以下原则。

第一，自由思考。即要求与会者尽可能解放思想，无拘无束地思考问题并畅所欲言，不必顾虑自己的想法或说法是否"离经叛道"或"荒唐可笑"。

第二，延迟评判。即要求与会者在会上不要对他人的设想评头论足，不要发表"这主意好极了""这种想法太离谱了"之类的"捧杀句"或"扼杀句"。至于对设想的评判，留在会后组织专人考虑。

第三，以量求质。即鼓励与会者尽可能多而广地提出设想，以大量的设想来保证质量较高的设想的存在。

第四，结合改善。即鼓励与会者积极进行智力互补，在增加自己提出设想的同时，注意思考如何把两个或更多的设想结合成另一个更完善的设想。

按照这种会议规则，大家七嘴八舌地议论开来。有人提出设计一种专用的电线清雪机；有人想到用电热来化解冰雪；也有人建议用振荡技术来清除积雪；还有人提出能否带上几把大扫帚，乘坐直升机去扫电线上的积雪。对于这种"坐飞机扫雪"的设想，大家心里尽管觉得滑稽可笑，但在会上也无人提出批评。相反，有一位工程师在百思不得其解时，听到用飞机扫雪的想法后，大脑突然受到冲击，一种简单可行且高效率的清雪方法冒了出来。他想，每当大雪过后，出动直升机沿积雪严重的电线飞行，依靠高速旋转的螺旋桨即可将电线上的积雪迅速扇落。他马上提出了“用直升机扇雪”的新设想，顿时又引起其他与会者的联想，有关用飞机除雪的主意一下子又多了七八条。不到一小时，与会的10名技术人员共提出90多条新设想。

会后，公司组织专家对设想进行分类论证。专家们认为设计专用清雪机，采用电热或电磁振荡等方法清除电线上的积雪，在技术上虽然可行，但研制费用大，周期长，一时难以见效。那种因“坐飞机扫雪”激发出来的几种设想，倒是一种大胆的新方案，如果可行，将是一种既简单又高效的好办法。经过现场试验，发现用直升机扇雪真能奏效，一个久悬未决的难题，终于在头脑风暴会中得到了巧妙的解决。

思考与分析：

(1) 这种决策方法的显著优点有哪些？

(2) 这种决策方法适合用于哪些问题的决策？

知识学习 ▷▷

一、头脑风暴法

(一) 头脑风暴法的特点

头脑风暴原意指精神病患者神经错乱和胡言乱语，这里转借其意为咨询人员或企业管理人员可以无拘无束、自由奔放地思考问题。头脑风暴法（Brain Storming）又称智力激励法、BS法。它是由美国A·F·奥斯本于1939年首次提出、1953年正式发表的一种激发创造性思维的方法。它是一种通过小型会议的组织形式，让所有与会者在自由愉快、畅所欲言的气氛中，自由交换想法或点子，并以此激发与会者创意及灵感，使各种设想在相互碰撞中激起脑海的创造性“风暴”。

(二) 头脑风暴法的具体做法

(1) 召集不同专业的6～10人开会。

(2) 主持者并不明确会议的目的，而是就某一方面的总议题鼓励和启发大家提方案，会上不引导争论。不论发言者的想法多么奇特和怪异，都不允许指责或攻击。主持人也不发表自己的意见，只引导大家完善他人的意见和标新立异。

(3) 会议时间为20～60分钟，对个人也实行限时发言，对各种意见进行记录。

(4) 会后组织专人整理记录，寻找创造性意见，并获得结论。

(三) 头脑风暴法的优缺点

这种方法的好处是使参加会议的人互相启发、互相影响、互相刺激，产生连锁反应，诱发创造性设想；不足之处是这种方法属于直观预测性方法，提出的见解受与会者个人经验、知识和智力的影响。

（四）头脑风暴法适合解决的问题

它适合于解决那些比较简单、严格确定的问题，如研究产品名称、广告口号、销售方法、产品的多样化研究等，以及需要大量的构思、创意的行业，如广告业。

二、哥顿法

（一）哥顿法的特点

这种方法是美国人哥顿于1964年提出来的。它的特点是先把要讨论的问题抽象化，让主持人以“抽象阶梯”的形式引导与会者思考，然后研究解决问题的办法。在会议上，除主持人外，其他与会者都不知道会议要解决的具体问题是什么。如果要解决的问题是“怎样设计新型的屋顶”，那么问题可以抽象为“有什么材料适合挡风遮雨”“上述材料中哪些容易堆砌”“如何堆砌才能保证结构的稳固”。这样可以使与会者不受现实事物的约束，大胆而漫无边际地畅谈己见，进而产生出一些不寻常的设想或创新的方法。

（二）哥顿法的具体做法

(1) 召集有关人员开会，让与会者提方案。

(2) 把要解决的问题分解开，分别提方案，如想要设计新的剪草机，就让大家对“切东西”和“分离”各自提出方案，会议之初主题保密。

(3) 在会议进行到适当时机时，主持人把主题揭开，让大家提出完整的方案。

（三）哥顿法的优缺点

哥顿法较之头脑风暴法有某些方面的类似，但在引导方面有很大进步，有主持人引导，而且用“抽象化的问题”来拓宽思维。但这两个也成为讨论成败的制约因素，要让一个讨论成功，必须有合适的主持人因势利导，还需要几个合适的“阶梯式”的抽象问题来引发发散思维。

三、德尔斐法

（一）德尔斐法的特点

德尔斐是希腊历史遗址阿波罗神庙所在地地名。兰德公司在20世纪50年代初以“德尔斐”为代号进行管理咨询研究，首创出这种方法。

该法以匿名的方式，通过几轮函询征求专家意见，组织工作小组对每一轮的意见进行汇总整理后作为参考再发给各位专家，供他们分析判断，以提出新的论证。几轮反复后，专家意见渐趋一致，最后供决策者进行决策。

（二）德尔斐法的具体做法

(1) 把委托方提出的内容写成若干条含义十分明确的问题。

（2）专家们在背靠背、互不通气的情况下阐述个人对问题的看法，做出书面回答。

（3）把回收到的专家意见进行定量统计归纳。

（4）将统计归纳的结果反馈给专家们，每个专家根据结果再行修订和发表意见，送交组织者手中。

如此经过 3～4 轮的反馈过程，就可以取得比较集中的意见了。

（三）德尔斐法的优缺点

它既依靠了专家，又避免了专家会议面对面不好直言的缺点。但它需几轮反复，时间较长。

四、电子会议法

（一）电子会议法的特点

电子会议法是将集体决策法与计算机技术相结合的一种群体决策方法。在电子会议中，决策参与者围坐在一张马蹄形的桌子旁。这张桌子上除一台台计算机终端外别无他物。会议组织者通过屏幕将问题显示给决策参与者。然后参与者把自己的回答打在计算机屏幕上。所有参与者的评论和票数统计都投影在会议室内的屏幕上。

（二）电子会议法的优缺点

电子会议法的主要优点是真实、充分、可靠、迅速。与会者可以采取匿名形式把自己想表达的任何想法表达出来。与会者一旦把自己的想法输入键盘，所有的人都可以在屏幕上看到。与会者可以大胆地、充分地、实事求是地表达自己的意见和态度，而不用担心受到外来力量的惩罚。这种决策方法迅速，用不着支支吾吾、寒暄客套，可以直接切入主题，直截了当地发表自己的看法；大家在同一时间可以互不妨碍地相互交流，不会打断别人的“发言”。

电子会议法的缺点主要表现为：匿名的方式使得想出最好建议的人得不到应有的奖励；所获得的信息不如面对面的交流与沟通所能得到的信息丰富。

能力训练 ▷▷

一、复习思考

（1）头脑风暴法的特点是什么？

（2）简要说明德尔菲法的主要做法。

（3）比较头脑风暴法、哥顿法、德尔菲法、电子会议法的异同。

二、案例分析

图书经销商的定性决策

某图书经销商采用如下方法对某一专著销售量进行预测和定性决策。该经销商选择了若干书店经理、书评家、读者、编审、销售代表和海外公司经理组成专家小组，将该专著和相应的背景材料发给各位专家，要求大家给出该专著最低销售量、最可能销售量和最高销售量三个数据的预测，同时说明自己做出判断的主要理由。经销商将专家们的意见收集起来，归纳整理后返回给各位专家，然后要求专家们参考他人的意见对自己的预测重新考虑。专家们完成第一次预测并得到第一次预测的汇总结果以后，除某书店经理B外，其他专家在第二次预测中都做了不同程度的修正。重复以上步骤，第三次预测时，大多数专家又一次修改了自己的看法；第四次预测时，所有专家都不再修改自己的意见。因此，专家意见收集过程在第四次预测后停止。最终预测结果为最低销售量26万册，最高销售量60万册，最可能销售量46万册，即为定性决策结果。

问题：

(1) 图书经销商采用了何种定性决策方法？

(2) 从案例中归纳这种方法的具体做法。

三、技能测试

1 000元的决策

偶然中奖得到1 000元，你想去买一件很需要的大衣，但是钱不够；若去买一双不急需要的运动鞋，则钱又多了数百元，你会怎么做？

(1) 自己添些钱把大衣买回来。

(2) 先买运动鞋，再用剩余的钱去买其他的小东西。

(3) 什么都不买先存起来。

测验分析：

(1) 自己添些钱把大衣买回来。

你的决断力还算不错，虽然有时也会三心二意、犹豫徘徊，但是总在重要关头做出决定，比起普通人来说已经算是杰出的了！你最大的特色是做了决定不再反悔。别太高兴，并不是因为你的决定都是正确的，而是因为你好面子，错了也不愿承认。

(2) 先买运动鞋，再用剩余的钱去买些其他的小东西。

你是个拿不定主意的人，做事没主见，处处需要别人给你意见，你很少自己做判断，因为个性上你有些自卑，不能肯定自己。你可能曾经受过某些心理伤害，或者你周边的人太优秀了，因此你总有不如人的感觉。

(3) 什么都不买先存起来。

你是个判断力超强的人，你可能有点莽撞，你率直的个性，使得你对问题常常考虑得不够周详，你常常后悔自己匆匆作决定，忽略了其他事情。

四、管理游戏

踩数字

活动类型： 团队协作。

活动道具： 一根8米长的绳子、两根5米长的绳子、33张写有数字的硬纸片。

活动人数： 16人以上。

活动时间： 20～30分钟。

场地要求： 室内或户外平地。

操作程序：

(1) 将学生8人一组分开。

(2) 老师在空地上用绳子围成一个边长为2米的正方形。

(3) 老师将硬纸片写有号码的一面朝上，不分次序和方向随意均匀散落在正方形内，但硬纸片不能重叠覆盖。

(4) 在离正方形5米远处，画一条起跑线。在正方形另一边5米远处，画一条终点线。

(5) 在整个游戏期间硬纸片的位置不得更改。

(6) 游戏开始前，小组成员全部站在起跑线外。

(7) 老师喊开始后（同时开始计时），所有小组成员跑到正方形周围，用脚按顺序踩完所有的数字。

(8) 踩的过程中，任何时候不允许有两只或两只以上的脚同时在正方形内，否则犯规。(即最多只能有一只脚在地板上)

(9) 踩完所有数字后，小组成员快速跑到终点线外。全体到达终点线为结束。(停止计时)

(10) 所有小组的任务是用最短的时间按游戏规则要求完成上述过程。所用时间最短者获胜。

(11) 每一小组任务结束后，老师宣布该小组所用时间。

(12) 此游戏在开始前可给予所有小组5分钟左右的讨论时间。

活动分享：

(1) 在你们接到任务之后，所做的第一件事是什么？

引导方向：有没有想主意、收集意见、做计划、确定执行方案。

(2) 你们觉得整个游戏中最困难的部分是什么？

引导方向：有没有分工后协调一致，追求速度而又不犯规。

(3) 你们取得成功的关键是什么？

引导方法：有没有严格分工，各司其职，默契配合。

五、项目训练

开什么类型的饭店

你和朋友有意在购物中心地段开设一家饭店，困扰你们的问题是这个城市已经有很多饭店，这些饭店能提供各种价位的不同种类的餐饮服务。你们拥有开设任何一种类型饭店的足够资源。你们需要判断开设什么类型的饭店最容易获得成功。

请你运用头脑风暴法确定：

(1) 小组集体花 5～10 分钟，形成你们认为最可能获得成功的类型，每位成员要尽可能富有创新性和创造力，对任何提议不能加以批评。

(2) 指定一位成员把各种方案写下来。

(3) 用 10～15 分钟讨论优缺点，形成一致意见。

(4) 做出决策后，对头脑风暴法的优缺点进行讨论，确定是否有阻碍发生。

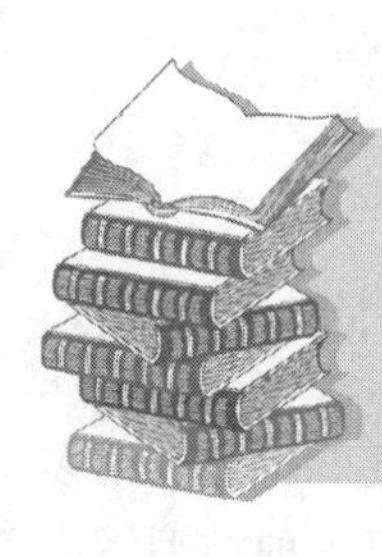

项目十二
运用定量决策方法

学习目标

知识目标

掌握确定型决策、风险型决策、不确定型决策的主要内容。

能力目标

区分确定型决策、风险型决策、不确定型决策的异同；初步会运用几种主要的定量决策方法进行决策。

思政目标

培养定量决策的思维方式。

案例导入 ▷▷

购买某种奖券的决策

你正面临是否购买某种奖券的决策：你知道每张奖券的售价以及该期共发行奖券的总数、奖项和相应的奖金额。

思考与分析：在这样的情况下，该决策的类型是什么？加入何种信息后可使该决策变成一个风险型决策？(单项选择)

A. 确定型决策；各类奖项的数量

B. 风险型决策；不需要加其他信息

C. 不确定型决策；各类奖项的数量

D. 不确定型决策；可能购买该奖券的人数

知识学习 ▷▷

一、确定型决策方法

确定型决策是指决策者对供决策选择的各备选方案所处的客观条件完全了解，每一个备选方案只有一种结果，比较其结果的优劣就可做出决策。解决这类决策问题相对比较容易，它可采用不同的数学模型进行计算，能迅速得出决策的结果。确定型决策方法主要有盈亏平衡分析法、经济批量法、线性规划法等，这里只介绍盈亏平衡分析法。

（一）盈亏平衡分析的基本模型

它是研究生产、经营一种产品达到不盈不亏时的产量或收入决策问题。这个不盈也不亏的平衡点即为盈亏平衡点。显然，生产量低于这个产量时，则发生亏损；超过这个产量时，则获得盈利。如图 12-1 所示，随着产量的增加，总成本与销售额随之增加，当到达平衡点 A 时，总成本等于销售额（即总收入），此时不盈利也不亏损，正对应此点的产量即为平衡点产量，销售额即为平衡点销售额。同时，以 A 点为分界，形成亏损与盈利两个区域。此模型中的总成本是由固定成本和变动成本构成的。按照是以平衡产量 Q 还是以平衡点销售额 R 作为分析依据，可将盈亏平衡分析法划分为盈亏平衡点产量（销量）法和盈亏平衡点销售额法。

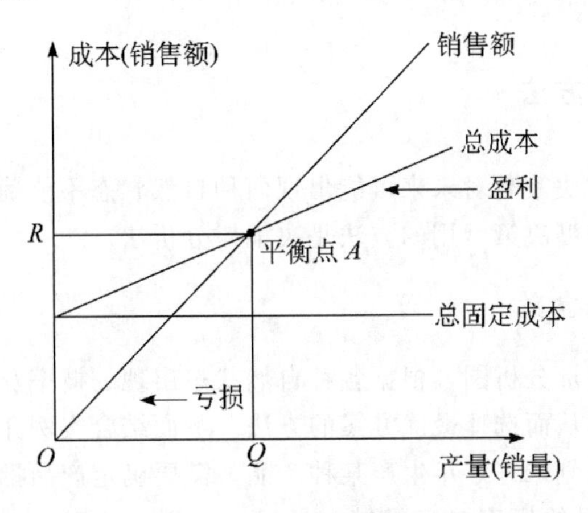

图 12-1　盈亏平衡分析基本模型

（二）盈亏平衡点产量（销量）法

盈亏平衡点产量（销量）法是以盈亏平衡点产量或销量作为依据进行分析的方法。其基本公式为：

$$Q=\frac{C}{P-V}$$

式中，Q 为盈亏平衡点产量（销量），C 为总固定成本，P 为产品价格，V 为单位变动成本。

当要获得一定的目标利润时，其公式为：

$$Q=\frac{C+B}{P-V}$$

式中，B 为预期的目标利润额，Q 为实现目标利润 B 时的产量或销量。

例 12-1　某厂生产一种产品。其总固定成本为 200 000 元，单位产品变动成本为 10 元，产品销售价格为 15 元。

求：(1) 该厂的盈亏平衡点产量应为多少？

(2) 如果要实现利润 20 000 元，其产量应为多少？

解　(1)

$$Q=\frac{C}{P-V}$$

$$=\frac{200\ 000}{15-10}\text{件}$$

$$=40\ 000\text{件}$$

即当生产量为 40 000 件时，处于盈亏平衡点上。

(2)

$$Q=\frac{C+B}{P-V}$$

$$=\frac{200\ 000+20\ 000}{15-10}\text{件}$$

$$=44\ 000\text{件}$$

即当生产量为 44 000 件时，企业可获利 20 000 元。

二、风险型决策方法

在风险型决策中，决策者对未来可能出现何种自然状态不能确定，但其出现的概率可以大致估计出来。风险型决策常用的方法是决策树分析法。

(一) 决策树法的含义

决策树法指借助树形分析图，根据各种自然状态出现的概率及方案预期损益，计算与比较各方案的期望值，从而选择最优方案的方法。下面结合实例介绍这一方法的运用。

例 12-2　某公司计划未来 3 年生产某种产品，需要确定产品批量。根据预测估计，这种产品的市场销售状况的概率是：畅销（0.2）；一般（0.5）；滞销（0.3）。现提出大、中、小三种批量的生产方案，各方案损益值见表 12-1，求取得最大经济效益的方案。

表 12-1　各方案损益值表　(单位：万元)

方　案	畅　销	一　般	滞　销
大批量生产	40	30	−10
中批量生产	30	20	8
小批量生产	20	18	14

(二) 决策树分析法的基本步骤

1. 从左向右画出决策树图形

首先，从左端决策点（用“□”表示）出发，按备选方案引出相应的方案枝（用“—”表示），每条方案枝上注明所代表的方案；然后，每条方案枝到达一个方案结点（用“○”表示），再由各方案结点引出各个状态枝（也称作概率枝，用“——”表示），并在每个状态枝上注明状态内容及其概率；最后，在状态枝末端（用“△”表示）注明不同状态下的损益值。决策树完成后，再在下面注明时间长度，如图 12-2 所示。

2. 计算各种状态下的期望值

根据表 12-1 数据资料计算如下：

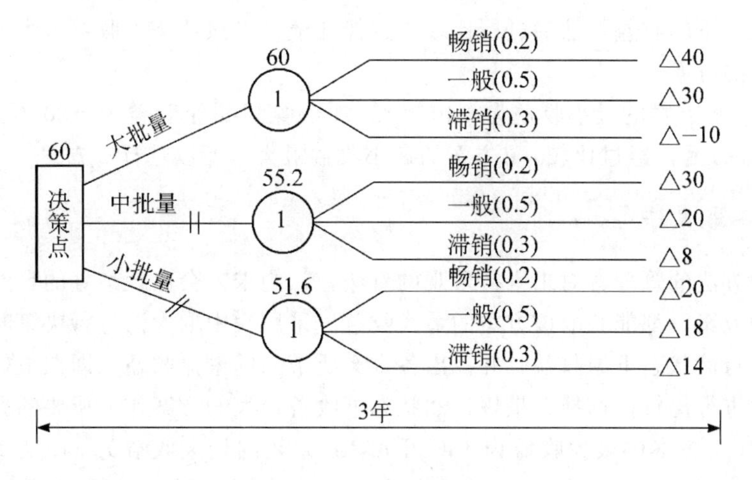

图 12-2　决策树图

大批量生产期望值＝［40×0.2＋30×0.5＋（－10）×0.3］×3 万元＝60 万元

中批量生产期望值＝（30×0.2＋20×0.5＋8×0.3）×3 万元＝55.2 万元

小批量生产期望值＝（20×0.2＋18×0.5＋14×0.3）×3 万元＝51.6 万元

3. 选择最佳方案

实现最大经济效益的生产方案是大批量生产。

三、不确定型决策方法

不确定型决策是指未来事件的自然状态是否发生不能肯定且未来事件发生的概率未知的情况下的决策，即它是一种没有先例的、没有固定处理程序的决策。

不确定型决策一般要依靠决策者的个人经验、分析判断能力和创造能力，借助于经验方法进行决策。常用的不确定性决策方法有小中取大法、大中取大法和最小最大后悔值法等。下面通过举例来介绍这些方法。

例 12-3　某企业打算生产某产品。据市场预测，产品销路有三种情况：销路好、销路一般和销路差。该产品有三种生产方案：a. 改进生产线；b. 新建生产线；c. 与其他企业协作。据估计，各方案在不同情况下的收益见表 12-2，问企业应选择哪个方案？

表 12-2　损益值表　　（单位：万元）

方案	销路好	销路一般	销路差
a. 改进生产线	180	120	－40
b. 新建生产线	240	100	－80
c. 与其他企业协作	100	70	16

（一）小中取大法

采用这种方法的管理者对未来持悲观的看法，认为未来会出现最差的自然状态，因此不论采取哪种方案，都只能获取该方案的最小收益，并找出各方案所带来的最小收益，即在最差自然状态下的收益，然后进行比较，选择在最差自然状态下收益最大或损失最小的方案作为所要的方案。

在本例中，a方案的最小收益为－40万元，b方案的最小收益为－80万元，c方案的最小收益为16万元，经过比较，c方案的最小收益最大，所以选择c方案。

(二) 大中取大法

采取这种方法的管理者对未来持乐观的看法，认为未来会出现最好的自然状态，因此不论采取哪种方案，都能获取该方案的最大收益。采用大中取大法进行决策时，首先计算各方案在不同自然状态下的收益，并找出各方案所带来的最大收益，即在最好自然状态下的收益，然后进行比较，选择在最好自然状态下收益最大的方案作为所要的方案。

在本例中，a方案的最大收益为180万元，b方案的最大收益为240万元，c方案的最大收益为100万元，经过比较，b方案的最大收益最大，所以选择b方案。

(三) 最小最大后悔值法

管理者在选择了某方案后，如果将来发生的自然状态表明其他方案的收益更大，那么他（或她）会为自己的选择而后悔。最小最大后悔值法就是使后悔值最小的方法。采用这种方法进行决策时，首先计算各方案在各自然状态下的后悔值（某方案在某自然状态下的后悔值＝该自然状态下的最大收益－该方案在该自然状态下的收益），并找出各方案的最大后悔值，然后进行比较，选择最大后悔值最小的方案作为所要的方案。

在本例中，在销路好这一自然状态下，b方案（新建生产线）的收益最大，为240万元。在将来发生的自然状态是销路好的情况下，如果管理者恰好选择了这一方案，他就不会后悔，即后悔值为0。如果他选择的不是b方案，而是其他方案，他就会后悔（后悔没有选择b方案）。比如，他选择的是c方案（与其他企业协作），该方案在销路好时带来的收益是100万元，比选择b方案少带来140万元的收益，即后悔值为140万元。各个后悔值的计算结果见表12-3。

由表12-3看出，a方案的最大后悔值为60万元，b方案的最大后悔值为96万元，c方案的最大后悔值为140万元，经过比较，a方案的最大后悔值最小，所以选择a方案。

表12-3 后悔值表

方案	各自然状态下的后悔值			
	销路好	销路一般	销路差	最大后悔值
a. 改进生产线	60	0	56	60
b. 新建生产线	0	20	96	96
c. 与其他企业协作	140	50	0	140

能力训练 ▷▷

一、复习思考

(1) 什么是确定型决策方法？确定型决策方法有哪些特点？
(2) 什么是风险型决策方法？风险型决策方法有哪些特点？
(3) 非确定型决策方法有哪些具体方法？

二、案例分析

最后一壶水

一个冒险者在沙漠里行走，水越来越少，他必须有计划地使用这些水。他抬头望天，烈日高照，四周都是滚烫的沙子。他舔了舔因缺水而干裂的嘴唇，一丝绝望油然而生。他只剩一壶水了，而这壶水仅能维持他三天的生命。他必须尽快找到水源。当他精疲力竭的时候，终于在一排残破的石墙边，发现了一口压力井。他兴奋至极，奔过去压水，却一无所获。他失望透顶，正要离开，却发现断墙上写着一行字：先倒一壶水进去，才能打上水来。他恍然大悟，压力井是要先倒入水，才能抽上水来的呀。可是他只剩下这一壶水了，倒进去如果打不上来怎么办？他实在不愿做这样的选择：必须拿生命作为赌注。犹豫再三，他还是照着墙上写的做了，他把仅剩的一点水倒进井里后，开始吃力地压，一会儿，果然压出了汩汩的流水。

问题：如何看待决策中风险与收益的关系？

三、技能测试

决策思维方式

一小卖部老板遇到一个拿着一张100元人民币的顾客。该顾客要买一条价值30元的香烟（进价20元）。老板没有零钱，就到邻居那里换了100元零钱，然后给顾客一条香烟和70元零钱。顾客走后，邻居跑来说，刚才那100元钱是假币。老板无奈只得自认倒霉，付给邻居100元钱。

问：这一次老板亏了多少钱？

参考答案：老板只亏了不到100元。

100（假）＝0
100（真钱整钱）＝换100（真钱零钱）
100真－（70＋30）＝0　（交易成功）
0（假）－（70＋30）＝－100（亏100）

但香烟价值30元，成本20元（左右），所以老板亏损不到100元（90元左右）。而从机会成本考虑，就是亏损了100元。其他的提示都是影响我们对价值判断的信息。某报纸 5 万个读者测试结果显示，答错的比例为 70%，大多数人认为老板亏了 200 元。

四、管理游戏

游戏规则——决策的哲学

据说微软老板让秘书发给微软所有员工一封邮件——让他（她）们玩一个决策游戏。

游戏的哲学：

(1) 大局上面仍然有另一个大局；

(2) 公平永远有不同角度的公平。

游戏的内容：

有一群小朋友在外面玩。在他们玩耍的那个地方有两条铁轨，一条还在使用，另一条已经停用。只有一个小朋友选择在停用的铁轨上玩，其他的小朋友全都在仍在使用的铁轨上玩。很不巧，火车来了（而且理所当然地往上面有很多小孩的仍在使用的铁轨上行驶）。而你正站在铁轨的切换器旁，因此你能让火车转往停用的铁轨。这样的话，你就可以救了大多数的小朋友，但是那名在停用铁轨上的小朋友将被牺牲。你会怎么办？

游戏的深思：

据说大多数人会选择救多一些的人。换句话说，牺牲那个在停用铁轨上玩的小孩……但是这又引出另一个问题：那一个选择停用铁轨的小孩显然是做出了正确决定，脱离他的朋友而选择了安全的地方，而他的朋友们则是无知或任性地选择在不该玩耍的地方玩。为什么做出正确选择的人要为了大多数人的无知而牺牲呢？

决策的挑战：

这个游戏发人深省，看完了感触很深！我们常被教育要顾全大局，但公平吗？似乎当大家都做得理所当然的时候，我们就必须随波逐流，否则就会被放逐而不容于世，如《渔父》中那位老翁劝屈原所说的："世人皆浊，何不淈其泥而扬其波？众人皆醉，何不餔其糟而歠其釃？何故深思高举，自令放为？"当一个人太坚持自己是对的时，最后的下场可能就是被牺牲的可怜鬼！又有谁会为他掬一抔同情之泪？只会嘲笑他的愚蠢！如果你是主管，就像游戏中那位可以切换轨道的人，当你内心的正义与现实冲突时，你会如何抉择呢？换一个角度思考，不选择切换轨道，因为那群小朋友一定知道那是仍在使用的轨道，所以当他们听到火车的声音时，会知道要跑开！若将轨道切换，则那个乖小孩必定惨死，因为他从来没想过火车还会开到废轨道上。另外，一条铁轨会被停止使用自有它的道理，或许这条铁轨本身有问题，未经验证就使用它是否会引发潜藏的危机呢？如果切过去，被牺牲的就不只是一个或一群小孩了，而是整车的乘客。

游戏规则由掌握转换器的人制定。掌握转换器的人需比普通人想得更多，需要站在更高的地方，目光更加长远…… 对与错，有它恒久的准则。如果只是为了照顾大多数人，一直无视真正正确的抉择，企业之中，将再无真正正确的选择，人人都选择和多数人一起。少数做正确抉择的人只好离开，因为他们总被牺牲……那么，企业的列车终会被带往覆灭……掌握转换器的人，也会为他自己的抉择付出代价……

五、项目训练

××公司赞助××学院校园艺术节××活动策划方案

实训目标：

(1) 培养学生创新能力与策划能力；

(2) 掌握实际编制计划的方法。

实训内容与形式：

(1) 与××公司合作，在调研的基础上，每个学生运用创造性思维，以××公司赞助××学院校园艺术节一项活动的名义，策划该活动并制订计划书（策划方案）。要求：

① 所策划的活动的内容与主题，既是××学院校园艺术节的某一项目，又可以宣传××公司，扩大该公司的影响。

② 通过调研，收集较为充分的材料。

③ 要运用创造性思维，所策划的活动一定要有创意。

④ 要科学地规划有关要素，计划书的结构要合理、完整。

(2) 每个学生进行个别策划并形成策划方案或计划书。

(3) 可以小组为单位组织开展活动策划方案或计划书评比，每组推荐1篇入选作品，最后评选班级优秀策划方案或计划书。

考核要求：

(1) 每个学生撰写一份活动策划方案或计划书。

(2) 策划方案或计划书要有创意性、可操作性、合理性。

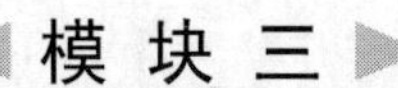

模块三 组织与人事能力

管　理　能　力　基　础

项目十三　设计组织结构

项目十四　分辨及设计几种主要组织结构的形式

项目十五　职权配置与规范设计

项目十六　观察与认识组织机构变革和发展

项目十七　招聘、培训与考核员工

项目十三

设计组织结构

学习目标

知识目标

了解组织结构的构成；掌握组织结构设计的基本原理。

能力目标

能识别和划分组织结构的职能部门；能识别和划分组织结构的管理层次。

思政目标

树立科学合理的组织结构观念。

案例导入 ▷▷

组织结构设计——市场部多余吗?

E公司是西南一家大型成套设备成产企业，企业的客户主要为老客户，销售部门主要的任务是对这些老客户销售成套设备。随着竞争的加剧，公司的客户资源急剧萎缩，公司意识到以前对市场变化的关注度不够，于是成立了一个市场部，专门负责市场信息的收集、整理和分析工作，为销售人员提出建议。

市场部刚成立不久，就有销售人员反映说，市场部不仅多余，而且扰乱了他们的工作，因为市场部的人要求出差人员交出出差地的市场情况报告，占用了出差人员用于做销售工作的时间，并且销售人员认为市场部的人只会动嘴，让他们去跑销售还不如自己，却经常对销售人员的工作指手画脚。市场部的人却认为销售人员目光短浅，缺乏远见。

思考与分析：

(1) 新部门的成立为什么会有不同的意见？问题出在哪里？

(2) 有人建议把两个部门合二为一，能解决目前的问题吗？为什么？

知识学习 ▷▷

一、组织职能与组织结构设计

(一) 组织职能的概念

组织职能是指为有效实现活动或系统的目标，建立组织结构，配备人员，使组织协调运行的一系列活动。

组织职能有狭义和广义之分。例如，一家足球俱乐部，设计组织结构，建立组织系统，就是狭义的组织职能；而依据这家足球俱乐部制定的目标与战略，建立组织系统，推进组织运行与控制，最后确保组织目标实现的全部工作就是广义的组织职能。

(二) 组织职能的基本内容

(1) 设计并建立组织结构。

(2) 设计并建立职权关系体系、组织制度规范体系与信息沟通模式，以完善并保证组织的有效运行。

(3) 人员配备与人力资源开发。

(4) 组织协调与变革。

(三) 组织结构设计的原则

组织结构设计是指建立或变革组织结构的过程，即通过对组织结构的流程、职权、绩效和激励机制等模块的构建加以整合，从而使组织获得最佳绩效的过程。

组织结构设计的原则如下：

(1) 有效实现目标与机构精简相结合原则；

(2) 专业分工与协作相结合原则；

(3) 有效幅度与合理层次相结合原则；

(4) 统一指挥与分权管理相结合原则；

(5) 责权利相结合原则；

(6) 稳定性和适应性相结合原则；

(7) 择优选拔与最佳组合相结合原则；

(8) 人才使用与人才发展相结合原则。

(四) 组织结构设计的影响因素

(1) 组织目标与任务。

(2) 组织环境。

(3) 组织的战略及其所处发展阶段。

(4) 生产条件与技术状况。

(5) 组织规模。

(6) 人员结构与素质。

二、组织的横向结构设计

组织的横向结构设计主要解决组织内部如何按照分工协作原则对组织的业务与管理工作进行分析归类，组成横向合作的部门问题，即划分部门问题。

（一）部门划分的原则

1. 部门划分的含义

部门划分就是将组织中的管理职能进行科学分解，按照分工合作原则，相应组成各个管理部门，使之各负其责，形成部门分工体系的过程。

2. 部门划分的原则

（1）有效性原则。

（2）专业化原则。

（3）满足社会心理需要原则。

（二）部门划分的方法

（1）按人数划分部门。

（2）按运动项目划分部门。

（3）按职能划分部门。

（4）按区域划分部门。

三、组织的纵向结构设计

组织的纵向结构设计主要是科学地设计有效的管理幅度与合理的管理层次问题。

（一）管理幅度与管理层次的含义

1. 管理幅度

管理幅度是指一名管理者直接管理下级的人数。一个管理者的管理幅度是有一定限制的，管理幅度过小会造成资源的浪费，管理幅度过大会难以实现有效的控制。

决定管理幅度的主要因素有：

（1）管理工作的性质与难度；

（2）管理者的素质与管理能力；

（3）被管理者的素质与工作能力；

（4）工作条件与工作环境。

古典学者主张窄小的跨度，通常不超过6人，以便对下属保持紧密控制。

2. 管理层次

管理层次是指组织内部从最高一级管理组织到最低一级管理组织的组织等级。管理层次的产生是由管理幅度的有限性引起的。正是由于有效管理幅度的限制，才必须通过增加管理层次来实现对组织的控制。

（二）管理幅度与管理层次的关系

对于一个人员规模既定的组织，管理者有较大的管理幅度，意味着可以有较少的管理层次；而管理者的管理幅度较小，则意味着该组织有较多的管理层次。

四、组织的高层结构与扁平结构

由于管理幅度与管理层次这两个变量的取值不同，就会形成高层结构和扁平结构两种组织结构类型。

（一）高层结构的特点

高层结构是指组织的管理幅度较小，从而形成管理层次较多的组织结构。

(1) 优点：有利于控制，权责关系明确，有利于增强管理者的权威，为下级提供晋升机会。

(2) 缺点：会增加管理费用，影响信息传输，不利于调动下级积极性。

（二）扁平结构的特点

扁平结构是指组织的管理幅度较大，从而形成管理层次较少的组织结构。

(1) 优点：有利于发挥下级的积极性和自主性，有利于培养下级的管理能力，有利于信息传输，节省管理费用。

(2) 缺点：不利于控制，对管理者素质要求高，横向沟通与协调难度大。

能力训练 ▷▷

一、复习思考

(1) 什么是管理幅度？什么是管理层次？它们之间有怎样的关系？

(2) 影响管理幅度的因素是什么？

(3) 组织设计时要考虑哪些因素的影响？组织设计要依据哪些基本原则？

(4) 为什么部门化是横向分工的结果？职能部门化、产品部门化、区域部门化有哪些优势和局限性？

二、案例分析

周厂长的难题

某市H冰箱厂近几年来有了很大的发展。该厂厂长周冰是个思路敏捷、有战略眼光的人。早在前几年“冰箱热”的风潮中，他已预见到今后几年“冰箱热”会渐渐降温，变畅销为滞销，于是指示该厂新产品开发部着手研制新产品，以保证企业能够长盛不衰。果然，几年后冰箱市场急转直下，各大商场冰箱都存在着不同程度的积压。好在H厂早已有所准备，立即将新研制生产的小型冰柜投放市场。这种冰柜物美价廉，一上市便受到广大消费者的欢迎。H厂不仅保住了原有的市场，而且开拓了一些新市场。

但是，近几个月来，该厂产品销售出现了一些问题，用户接二连三地退货，要求赔偿，影响了该厂产品的声誉。究其原因，问题主要出在生产上。主管生产的副厂长李英是半年前从本市二轻局调来的，她今年42岁，是个工作勤恳、兢兢业业的女同志，口才好，有一定的社交能力，但对冰箱生产技术不太了解，组织生产能力欠缺，该厂生产常因所需零部件供应不上而停产，加之质量检验没有严格把关，尤其是外协件的质量常常不能保证，故产品接连出现问题，影响了H厂的销售收入，原来较好的产品形象也有一定程度的破坏。这种状况如不及时改变，该厂几年的努力也许会付诸东流。周厂长为此很伤脑筋，有心要把李英撤换下去，但又为难，因为李英是市二轻局派来的干部，和上面联系密切，并且她也没犯什么错误。如果撤换掉李英，可能会弄僵上下级之间的关系（因为该厂隶属于市二轻局）。不撤换吧，厂里的生产又抓不上去，长此以往，企业很可能会出现亏损局面。周厂长想来想去不知如何是好，于是就去找厂咨询顾问某大学王教授商量，王教授听罢，思忖了一阵，对周厂长说："你何不如此这般呢……"周厂长听完，喜上眉梢，连声说："好办法，好办法。"于是便按王教授的办法回去组织实施。果然，不出两个月，H厂又恢复了生机。王教授到底如何给周厂长出谋划策的呢？原来他建议该厂再设一个生产指挥部，把李英升为副指挥长，另任命懂生产有能力的赵翔为生产指挥长主管生产，而让李英负责抓零部件、外协件的生产和供应。这样既没有得罪二轻局，又使企业的生产指挥得到了强化，同时由于充分利用了李、赵两位同志的特长，还调动了两人的积极性，王教授的组织结构设置解决了周厂长的难题。

小刘是该厂新分来的大学生，他看到厂里近来的一系列变化，很是不解，于是就去问周厂长："厂长，咱们厂已经有了生产科和技术科，为什么还要设置一个生产指挥部呢？这不是机构重复设置吗？我在学校里学过的有关组织设置方面的知识，从理论上讲组织设置应该是'因事设人'，咱们厂怎么是'因人设事'，这是违背组织设置原则的呀！"周厂长听完小刘一连串的提问，拍拍他的肩膀说："小伙子，这你就不懂了，理论是理论，实践中并不见得都有效。"小刘听了，仍不明白，难道是书上讲错了吗？

问题：

（1）企业中应如何设置组织结构？到底应该"因事设人"还是"因人设事"？

（2）你认为王教授的建议是否合适？

（3）你怎样看待小刘的疑问？

三、技能测试

组织能力测试二题

（1）在团组织的改选中，你被选为单位的团支部书记。你和新一届的支部成员打算举行一次团支部的活动。这次活动的目的是增进支部成员之间的了解，加强团组织的凝聚力，以便更好地调动大家工作的积极性。

请谈谈你将如何组织这次活动?

出题思路：情境性问题。考察计划、组织、协调能力。考生应能根据活动的目的进行创意，选择恰当的活动形式，周密安排，并注意集思广益，调动各方积极性

(2) 假设某地发生了水灾，你作为校学生会某部的负责人拟发动全校同学捐出一些旧衣物支援灾区。请问，你准备如何做好这件事情?

出题思路：情境性问题。考察计划、组织、协调能力。考生应能综合考虑各方面的因素进行计划、组织、协调，如争取相关部门的支持、发挥校系学生干部的作用、做好宣传鼓动工作、组织人员等。

四、管理游戏

盲人闯雷阵

教具：实心球若干个。

场地布置：在10～15米长的道路上，无规则地放若干个实心球。

方法：每人预先选择捷径通过一次，碰球为失败，看哪个能闯过雷阵。

规则：

(1) 不许睁眼睛看;

(2) 不许出声或进行其他暗示;

(3) 碰球人不许继续前进，立即将球放回原处。

要求：练习人注意开始的前后间隔，以免碰撞。

五、项目训练

一个中小企业组织结构调查

实训目标：

(1) 增强对企业组织结构的感性认识;

(2) 培养对企业组织结构分析的初步能力;

(3) 搜集企业制度规范有关资料，为下一个制定制度的训练提供条件。

实训内容与形式：

(1) 到一家中小企业，对该企业的组织结构情况及其制度规范进行调查，并运用所学知识进行分析诊断。如时间安排有困难，也可利用上网、查资料等途径搜集企业相关信息。

(2) 需搜集的信息主要有：

① 企业的组织结构系统图;

② 各主要职位、部门的职责权限及职权关系;

③ 企业主要的制度规范;

④ 由于组织结构、职权关系及制度等问题引起的矛盾。

(3) 以小组为单位组织实施调研。

(4) 以小组为单位组织探讨与分析诊断。

(5) 在班级上进行大组交流与研讨。

项目十四
分辨及设计几种主要组织结构的形式

学习目标

知识目标

了解组织结构几种主要形式的特点、优缺点。

能力目标

能分析辨别直线制、职能制、直线职能制、事业部制、矩阵制的异同；能初步运用组织结构的几种主要形式构成原理设计组织结构的形式。

思政目标

树立科学合理的组织结构形式采用观念。

案例导入 ▷▷

华为技术有限公司的组织结构变化

华为技术有限公司（以下简称华为）由成立之初的小型电话交换机代售（电信网络解决方案供应商）逐渐发展为主营交换、传输、无线和数据通信类电信产品的通信设备生产商。经过30多年的不断调整、发展与壮大，经历了多次的战略和组织结构变革，如今华为已成为以通信业为主的大型综合性现代化企业。华为从最初的被动进行组织结构变革发展到为强化竞争力而主动地有意识地去变革组织结构以适应环境的发展，正是其不断发展壮大的原因之一。创业于1987年的华为，现如今其业务主要有通信设备、企业网、终端三个板块。华为以通信设备为主业，其市场份额仅次于爱立信，位居全球第二。华为终端成立于2011年，主要生产无线网卡、智能手机、平板电脑等。其中智能手机自2013年以来多年出货量排名全球第三，仅次于苹果和三星。华为还在欧洲、美国、印度以及国内的上海、北京、南京、西安、成都和武汉等地设立了研发机构，充分利用国外和国内的人才与技术资源平台，建立全球研发体系。公司的中央软件部、上海研究所、南京研究所和印度研究所已通过软件质量管理最高等级CMM五级认证。2008年华为在全球专利申请公司排名榜上名列第一。2020年华为成为中国第一民营企业、中国第一高科技企业、中国研发能力最强企业、中国最具国际化的企业，是世界500强中唯一没有上市的公司。

二、直线制（公司成立初期）

公司刚成立时，由于员工数量较少（仅有 6 人），产品种类也比较集中，组织结构比较简单，因此采用的是如图 14-1 所示的直线制管理结构。

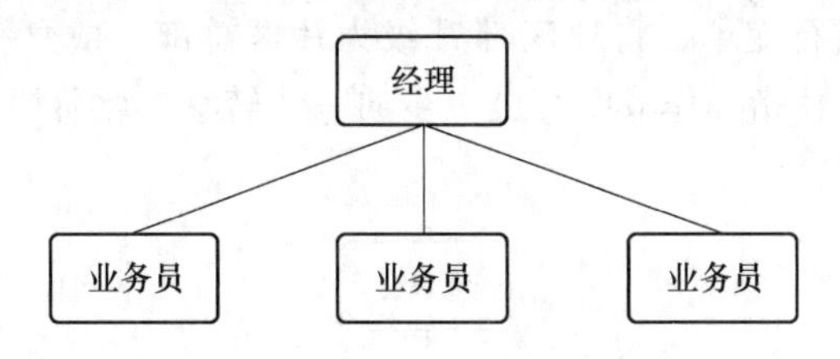

图 14-1　直线制管理结构

这种垂直领导、不设职能部门、权责分明、协调容易、快速反应的组织结构，使得华为在创业初期迅速完成了原始资本的积累。

三、直线职能制（公司发展中期）

与一般的企业不同，华为在快速完成资本积累的同时，迅速转入自主研发。从 1990 年到 1995 年，华为技术有限公司自主研发了面向酒店与小企业的 PBX 技术、农村数字解决方案和 C&C08 大型万门程控交换机等。1995 年华为的销售收入已经达到 15 亿元人民币，这为之后华为进一步打开中国市场奠定了物资基础。

随着公司高端路由器在市场上取得成功，华为的员工总数也从最初的 6 人发展到 800 人，产品领域也从单一的交换机向其他数据通信产品及移动通信产品扩张，市场范围扩张至全国各地，单纯的直线管理的缺点日益突出：没有专门的职能机构，管理者负担过重，难以满足多种能力要求；一旦“全能”管理者离职，一时会很难找到替代者，部门之间协调性差。2003 年，华为对组织结构进行了重大调整，由以往集权式直线制结构向以产品线并兼顾职能部门的直线职能制管理结构（如图 14-2 所示）转变。

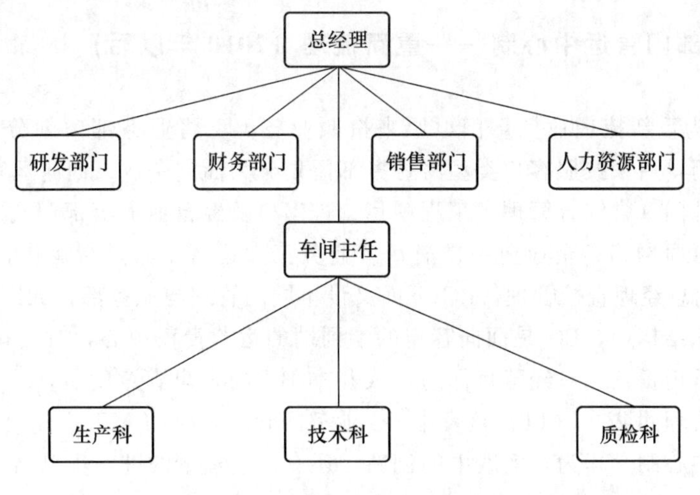

图 14-2　直线职能制管理结构

这种既有直线指挥，又设置职能指导，既垂直管理，又横向调配的二维组织结构能应对快速变化的市场。

四、事业部制（成为大型公司后）

2007 年华为再次进行变革，将地区部升级为片区总部，成立七大片区，各大片区拆分成 20 个地区事业部，使指挥作战中心进一步向一线转移。此阶段华为采用的是如图 14-3 所示的事业部制管理结构。

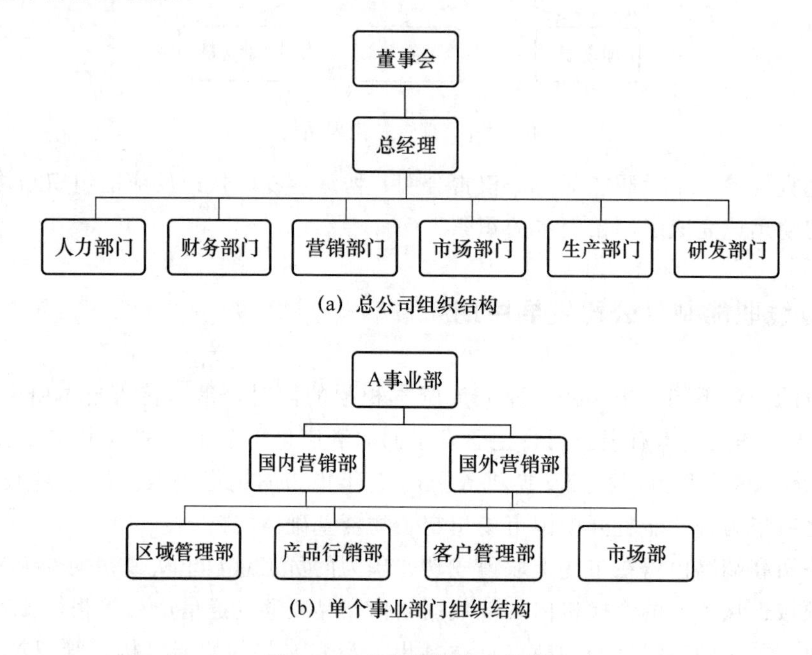

图 14-3　事业部制管理结构

这种相对独立核算、自主经营、按地区划分的事业部是在总公司领导下统一重大决策、分散经营的一种分权化组织结构。

五、业务部门营运中心制——重新梳理（2010 年以后）

2010 年华为重新梳理业务部门，原来按照业务类型将业务部门划分为设备、终端、软件服务等部门，后来按照客户类型将业务部门划分为面向企业、面向运营商、面向消费者及其他业务部门（含综合管理、工程项目、进出口及经营业务等部门）。2011 年华为将公司划分为运营商网络、企业业务、消费者业务三大运营中心进行运作，每个运营中心（BG）由一个副总经理直接管理，BG 下面又设不同的管理与业务部，如图 14-4 所示。

在这种组织结构中，BG 是面向客户的端到端的运营责任中心，对公司业务的有效增长和效益提升承担责任，对经营目标的达成和本 BG 的客户满意度负责。华为公司各 BG 分别设置经营管理团队（EMT）负责本 BG 业务的管理，BG EMT 主任由 BG CEO 担任。业务部门营运中心制是华为在实践中的创新，还有待于理论的进一步总结。

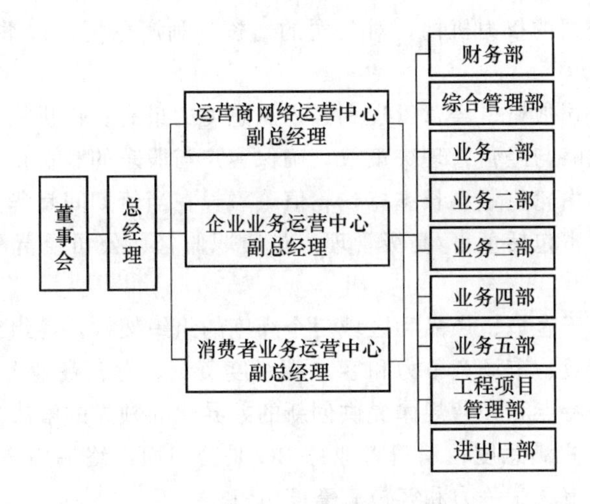

图 14-4　业务部门营运中心制管理结构

六、华为公司的现代治理架构

今天的华为已经是一家以通信业为主的大型综合性现代化集团企业，建立了公司的现代治理架构（如图 14-5 所示），形成了运营商业务、企业业务、消费者业务三大业务体系。治理架构和组织结构在未来会随时跟随着战略的调整而调整，但其基本的业务流程却会保持相对稳定。

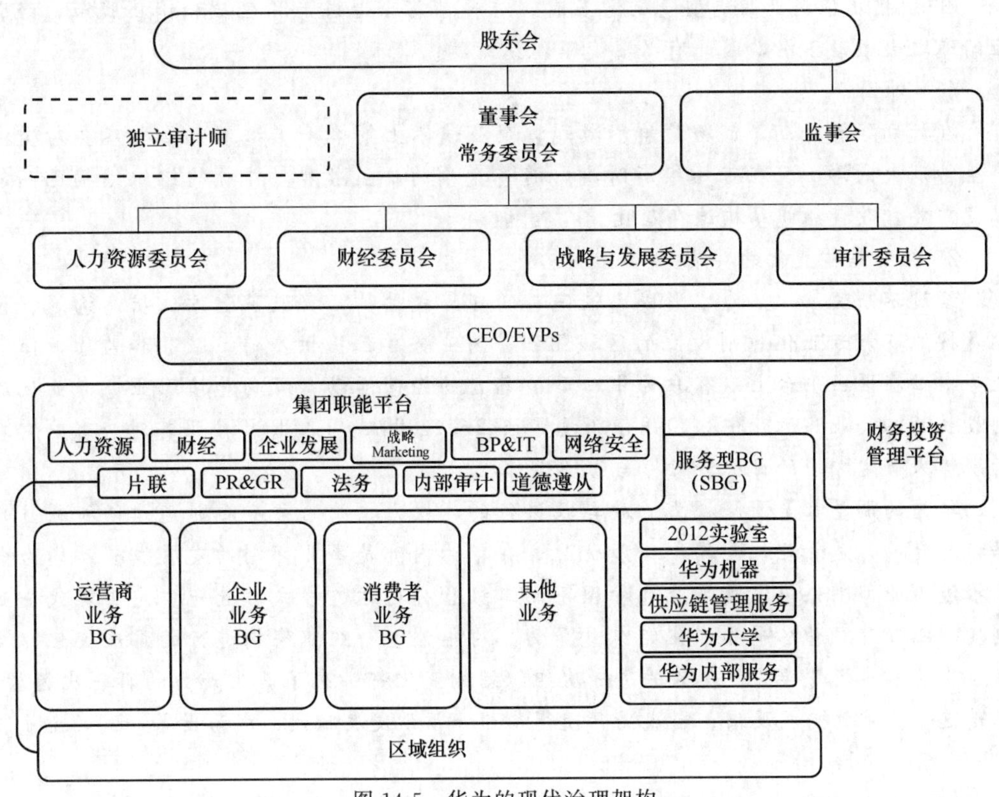

图 14-5　华为的现代治理架构

股东会是华为公司的权力机构，对公司的增资、利润分配、选举董事/监事等重大事项做出决策。

董事会是华为公司战略、经营管理和客户满意度的最高责任机构，承担带领公司前进的使命，行使公司战略与经营管理决策权，确保客户与股东的利益得到维护。公司董事会及董事会常务委员会由轮值董事长主持，轮值董事长在当值期间是华为公司最高领袖。

监事会的主要职责包括董事/高级管理人员履职监督、公司经营和财务状况监督、合规监督。

华为公司设立基于客户、产品和区域三个纬度的组织架构，各组织共同为客户创造价值，对公司的财务绩效、市场竞争力和客户满意度负责。运营商业务BG和企业业务BG针对不同客户的业务特点和经营规律提供创新的差异化的领先的解决方案，并不断提升公司的行业竞争力和客户满意度；消费者业务BG是公司面向终端用户的端到端经营组织，对经营结果、风险、市场竞争力和客户满意度负责。

问题：

(1) 影响华为组织结构变化的因素有哪些？

(2) 华为组织结构变化的实质是什么？

提示：可以从以下两个方面进行分析。

1. 影响因素

(1) 内因

① 公司自身产业发展的需要。(这是组织结构变化的根本原因。)

② 规模扩张、产品类型急剧增多时，统一销售会造成产品生产和销售脱节，经营业绩随之大幅度下滑，因此有必要变革组织结构。

(2) 外因

在计划经济时期，市场竞争不激烈，企业谈不上策略，组织不完善也不会对企业产生特别大的影响。在市场经济时期，随着竞争的日益激烈，传统的组织结构已不能满足需要，改变组织结构迫在眉睫。

2. 组织结构变化的实质

经过不断变革，华为已形成比较完善的矩阵式结构，实现了全方位信息沟通。横向是按照职能专业化原则设立的区域组织，为业务单位提供支持、服务和监管，使各业务中心在区域平台上以客户为中心开展各自的经营活动。纵向是按照业务专业化原则设立的四大业务运营中心，并分别设置经营管理团队(EMT)，按照其对应客户需求的规律来确定相应的目标、考核与管理运作机制。

华为的调整都是围绕权力的放与收进行的，权力收放的另一面则是责任和利益的转换与变局，是管理机制的一步步优化，在华为内部是事业部制的发展成长。华为全面推进事业部制公司化及事业部管理下的二级子公司运作模式，进一步完善现代企业制度，以提升经营水平和强化组织竞争力。对华为整个组织架构进行的再次优化，增强了华为的市场竞争力。华为的每一次组织结构变化都带来了其生产力的再一次解放，正是这一次次的自我反省、自我提升使得华为一步步发展壮大，成为世界一流的企业。

知识学习 ▷▷

一、直线制

（1）含义：直线制是指组织没有职能机构，从最高管理层到最基层，实行直线垂直领导。直线制组织结构如图 14-6 所示。

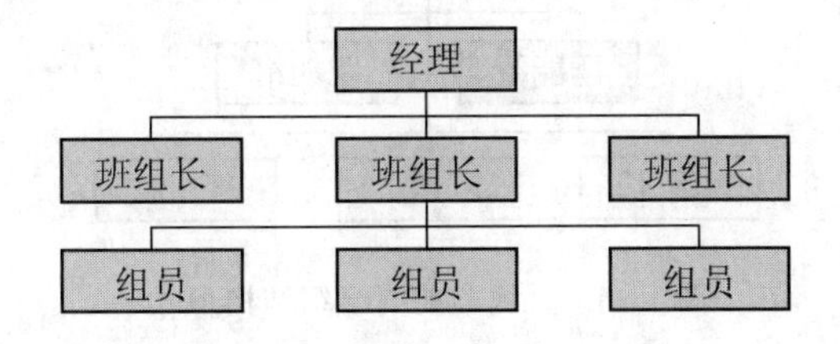

图 14-6　直线制组织结构形式

（2）优点：沟通迅速，指挥统一，责任明确。
（3）缺点：管理者负担过重，难以胜任复杂职能。
（4）适用范围：适用于小型组织。

二、职能制

（1）含义：在组织内设置若干职能部门，并都有权在各自业务范围内向下级下达命令。也就是各基层组织都接受各职能部门的领导。职能制组织结构如图 14-7 所示。
（2）优点：有利于专业管理职能的充分发挥。
（3）缺点：会破坏统一指挥原则。
（4）适用范围：图 14-7 所示的这种原始意义上的职能制无现实意义。

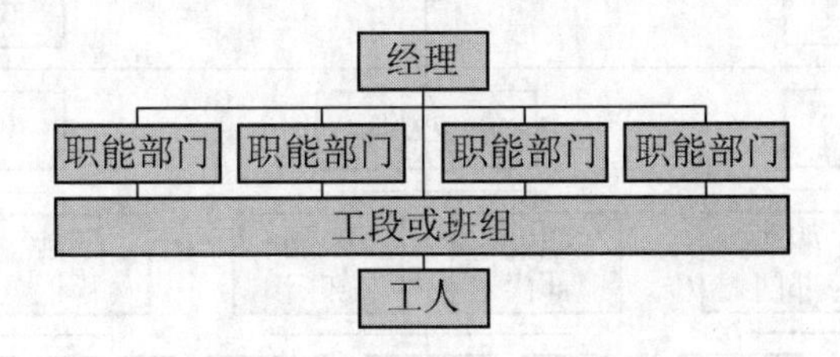

图 14-7　职能制组织结构形式

三、直线职能制

（1）含义：直线职能制是指在组织内部既设置纵向的直线指挥系统，又设置横向的职能管理系统，以直线指挥系统为主体建立的二维的管理组织。直线职能制组织结构如图 14-8 所示。
（2）优点：既保证了组织的统一指挥，又加强了专业化管理。

(3) 缺点：直线人员与参谋人员关系难协调。

(4) 适用范围：目前绝大多数组织采用这种组织模式。

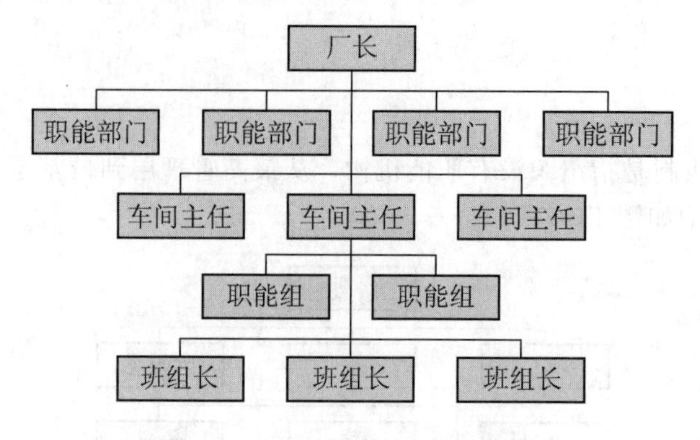

图 14-8 直线职能制组织结构形式

四、事业部制

(1) 含义：在直线职能制框架基础上设置独立核算、自主经营的事业部，在总公司领导下统一政策，分散经营，是一种分权化体制。事业部制组织结构如图 14-9 所示。

事业部主要按产品、项目或地域划分。

(2) 优点：有利于发挥事业部的积极性、主动性，更好地适应市场；公司高层可以集中思考战略问题；有利于培养综合管理人员。

(3) 缺点：存在分权带来的不足（如指挥不灵，机构重叠）；对管理者要求高。

(4) 适用范围：面对多个不同市场的大规模组织。

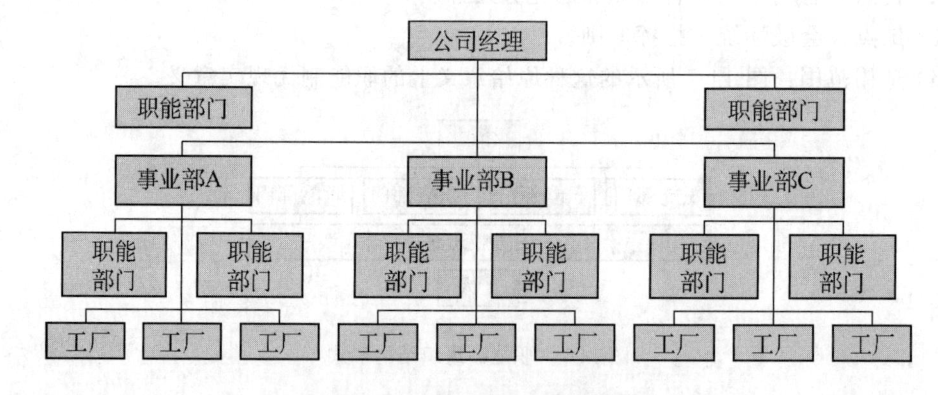

图 14-9 事业部制组织结构形式

五、矩阵制

(1) 含义：矩阵制是由按职能划分的纵向指挥系统与按项目组成的横向系统结合而成的组织。横向上是各项目组。在项目负责人的主持下从纵向的各职能部门抽调人员组成项目组，共同从事项目的工作。项目完成后，返回本部门，项目组随即撤销。矩阵制组织结构如图 14-10 所示。

(2) 优点：纵横结合，有利于配合；人员组合富有弹性。

(3) 缺点：会破坏命令统一原则。

(4) 适用范围：主要适用于突击性、临时性任务，如运动项目集训、大型赛事组织等。

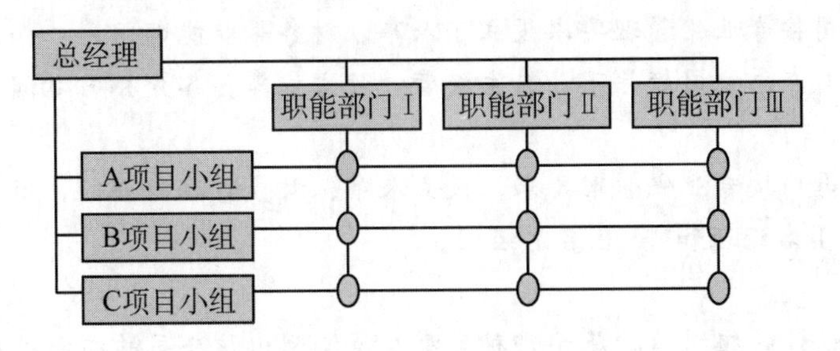

图 14-10　矩阵制组织结构形式

六、委员会制

(1) 含义：委员会制是一种为执行某方面职能而设置的管理者群体组织形式。它实行集体决策、集体领导的体制。委员会组织在组织中广泛使用。

(2) 属性：组织中的委员会既可以是临时的，也可以是常设的；其职权属性既可以是直线性质的，也可以是参谋性质的。

(3) 优点：集体决策更加科学可靠；可代表各方利益，可协调各种职能；如果是临时委员会，可不设专职人员，富有弹性。

(4) 缺点：委员会组织决策速度慢，可能出现决策的折中性，集体决策责任不清。

(5) 适用范围：一些经常性的专项管理职能或临时性的突击工作宜组建委员会进行管理。

能力训练 ▷▷

一、复习思考

(1) 直线制与职能制有何不同？

(2) 分析比较事业部制与直线职能制的联系与区别。

(3) 矩阵制与委员会制各有何特点？

二、案例分析

北方公司的组织结构

我国北方公司原来是一个生产经营产品品种比较单一、市场需求比较稳定的中小企业。近年来，它陆续收购了许多小公司，规模急剧扩大，而内部管理却十分混乱，于是公司总经理下定决心进行企业改革，其重大举措之一就是重新设计组织结构，具体内容包括：

（1）在公司内按产业组建了3个分公司。

（2）总公司是独立法人，而各分公司则不是，它们不能注册登记。

（3）在总公司按专业化管理要求设立了人事、财务等职能部门。

（4）各分公司在总公司领导下，自主经营，独立核算。各分公司之间的关系是商品交换关系。

（5）各分公司均按专业化管理要求，设立人事、财务等职能部门，有自己的工厂。每个分公司都设有1名经理和1～2名副经理。

问题：

（1）该公司设计的组织结构属于哪种类型？请绘制出该公司的组织结构图。

（2）该公司的组织结构有哪些优缺点？该公司的组织结构适用于什么范围？

三、技能测试

执行能力测试

测试导语：

执行能力是决定企业成败的重要因素之一，也是每个员工提高工作效率和形成良好工作习惯的决定因素之一。没有好的执行能力，再好的战略目标都只是幻想。你了解你所在的公司的员工的执行能力吗？本测试的结果将给你提供参考，请按提示选择你认为切合实际的答案。

（1）你能在新的工作岗位上轻而易举地适应与过去的习惯迥然不同的新规定、新方法吗？

A. 是　　　　B. 否

（2）你进入一个新的部门，能很快适应新的集体吗？

A. 是　　　　B. 否

（3）你是否善于倾听？

A. 是　　　　B. 否

（4）对于工作中不明白的地方，你会向领导提出疑问吗？

A. 是　　　　B. 否

（5）如果你了解到在某事上上级与你的观点截然相反，你能直抒己见吗？

A. 是　　　　B. 否

（6）今天上班前天气似乎要变，带雨具又麻烦，你能很轻松地做出决定吗？

A. 是　　　　B. 否

（7）要按规定时间递交的方案，你发现有不足之处，你会上交吗？

A. 是　　　　B. 否

（8）平时你能直率地说明自己拒绝某事的真实动机，而不虚构一些理由来掩饰吗？

A. 是　　　　　　　　　　　B. 否

(9) 做一项重要工作之前，你是否尽可能地去获取最好的建议呢？

A. 是　　　　　　　　　　　B. 否

(10) 做一项重要工作之前，你会为自己制订工作计划吗？

A. 是　　　　　　　　　　　B. 否

(11) 你从来不找借口来掩饰工作中的小错误吗？

A. 是　　　　　　　　　　　B. 否

(12) 为了公司整体的利益，你甘于得罪某人吗？

A. 是　　　　　　　　　　　B. 否

(13) 你是否充分信任自己的合作伙伴呢？

A. 是　　　　　　　　　　　B. 否

(14) 对于困难的工作，你是否能全力以赴地执行使命？

A. 是　　　　　　　　　　　B. 否

(15) 对自己许下的诺言，你是否能一贯遵守？

A. 是　　　　　　　　　　　B. 否

(16) 你认为自己很勤奋，从不偷懒吗？

A. 是　　　　　　　　　　　B. 否

(17) 你常有能顺利完成工作的自信吗？

A. 是　　　　　　　　　　　B. 否

(18) 工作辛苦时，你能保持幽默感吗？

A. 是　　　　　　　　　　　B. 否

评分标准：

选择 A 得 1 分，选择 B 不得分，然后将各题所得的分数相加。

测试结果：

(1) 总分为 15～18 分，执行能力很强。你有较开阔的眼界与合理的知识结构，行事主动果断，有着良好的敬业精神，是上级及同事们信赖的对象。如果辅以正确的执行方法，在工作中肯定能够取得很好的业绩。

(2) 总分为 10～14 分，执行能力一般。工作中你的效率平平，但你也不会拖公司的后腿。也许你正为自己能游刃有余地应对职场而沾沾自喜，但要想有良好的工作业绩，从而获得升迁的机会，就要发挥自己积极主动、埋头苦干的工作精神，只有这样你才能出类拔萃。

(3) 总分为 9 分及以下，执行能力很差。你做事总是拖拖拉拉，如果某个工作有谁替你去做，你简直会对他感激不尽。你让人觉得难以信赖，与你共事会很疲惫。对于你来说，不做事才最逍遥，但在你拒绝做事或不负责任的时候，你也失去了成功的机会。

四、管理游戏

怪兽

形式：12 人一组。
时间：5～10 分钟。
材料：无。
场地：空地。
应用：
(1) 培养团队合作精神；
(2) 训练团队创新意识。
目的：
(1) 活跃课堂气氛；
(2) 发挥团队创新意识。
程序：
(1) 团队要创造出一个怪兽，这只怪兽要有 11 只脚和 4 只手在地上。
(2) 全体人员必须连接在一起成为一个整体。
讨论：
(1) 大家用什么方法达成共识？
(2) 你认为最有创意的地方在哪里？
总结与评估：
(1) 首先需要团体确定一个组合方案。
(2) 成员必须高度配合去执行该组方案。
(3) 组合方案要考虑到成员身体上的个体差异。

五、项目训练

班级组织结构分析

结合你所在班级的组织结构现状，以所学管理原理改革现有的班级组织结构。
(1) 分析现有班级组织结构的缺陷。
(2) 提出你认为合理的新的班级组织结构以及相关的制度。

项目十五

职权配置与规范设计

学习目标

知识目标

掌握职权配置的原理与方法，理解规范化管理。

能力目标

具有协调职权关系的艺术；能初步设计和制定组织制度规范。

思政目标

树立职权配置与规范设计符合现代发展和中国特色的观念。

案例导入 ▷▷

巴恩斯医院的职权配置

2021年2月的某一天，产科护士长黛安娜给巴恩斯医院的院长戴维斯博士打来电话，要求立即做出一项新的人事安排。从黛安娜的急切声音中，院长感觉到一定发生了什么事，因此要她立即到办公室来。5分钟后，黛安娜递给了院长一封辞职信。

“戴维斯博士，我再也干不下去了。”她开始申述，“我在产科当护士长已经四个月了，我简直干不下去了。我怎么能干得了这工作呢？我有两个上司，每个人都有不同的要求，都要求优先处理。要知道，我只是一个凡人。我已经尽最大的努力适应工作，但看来这是不可能的。让我给您举个例子吧。请相信我，这是一件平平常常的事。像这样的事情，每天都在发生。昨天早上7点45分，我来到办公室就发现桌上留了张纸条，是杰克逊（医院的主任护士）给我的。她告诉我，她上午10点钟需要一份床位利用情况报告，供她下午在向董事会作汇报时用。这样一份报告至少要花一个半小时才能写出来。30分钟以后，乔伊斯（黛安娜的直接主管，基层护士监督员）走进来质问我为什么我的两位护士不在班上。我告诉她，雷诺兹医生（外科主任）从我这要走了她们两位，说是急诊外科手术正缺人手，需要借用一下。我告诉她，我也反对过，但雷诺兹坚持说只能这么办。你猜，乔伊斯说什么？她叫我立即让这些护士回到产科。她还说，一个小时以后，她会回来检查我是否把这事办好了！我跟你说，这样的事情每天都发生好几次的。一家医院就只能这样运作吗？”

思考与分析：

(1) 这家医院的组织结构有问题吗？为什么？

(2) 有人越权行事了吗？为什么？

知识学习 ▷▷

组织结构设计只完成了组织设计的框架或主体，还需要在组织结构设计的基础上，对组织联系与组织规范进行设计与完善。

一、职权与职权配置

（一）职权

1. 职权与职责

职权，是指由于占据组织中的职位而拥有的权力。与职权相对应的是职责，是指担当组织职位而必须履行的责任。职权是履行职责的必要条件与手段，职责则是行使权力所要达到的目的和必须履行的义务。

2. 职权类型

管理者的职权有三种类型：①直线职权，即直线人员所拥有的决策指挥权；②参谋职权，即参谋人员所拥有的咨询权和专业指导权；③职能职权，即由参谋人员所执行的，由直线主管人员授予的决策与指挥权。

（二）正确处理职权关系

1. 建立明晰的职权结构

（1）建立清晰的等级链。

例如，一所院校的等级链：院长—副院长—系主任—系副主任—教研室主任。

（2）明确划分权责界限。

（3）制定并严格执行政策、程序和规范。

越权处理，不尊重他人职权，是造成职权危机的最突出因素。所以，各管理者必须充分尊重别人的职权，以建立融洽的职权关系。

2. 协调职权关系

（1）要互相尊重职权。

（2）加强沟通与配合。

不注意沟通是危及职权关系的另一关键因素。无论是上下级之间，还是同级之间，必须注意及时沟通，并加强工作中的支持与配合。

二、集权与分权

（一）集权与分权的性质与特征

（1）集权与分权的性质。集权与分权是指职权在不同管理层之间的分配与授予。职权的集中和分散是一种趋向性，是一种相对的状态。组织中的权力较多地集中在组织的高层，即为集权；权力较多地下放给基层，则为分权。

(2) 集权与分权的优缺点。集权有利于组织实现统一指挥、协调工作和更为有效的控制；但集权会加重上层领导者的负担，从而影响决策质量，并且，不利于调动下级的积极性。而分权的优缺点则正与集权相反。

(3) 决定集权与分权的关键在于所集中或分散权力的类型与大小。高层管理者应重点控制计划、人事、财务等决策权；而将业务与日常管理权尽可能多地放给基层。

(4) 应根据组织目标与环境、条件的需要正确决定集权与分权程度。现代管理中总的趋势是加强职权分权化。

(二) 影响集权与分权的主要因素

1. 组织因素

(1) 组织规模的大小。

(2) 所管理的工作的性质与特点。

(3) 管理职责与决策的重要性。

(4) 管理控制技术发展程度。

2. 环境因素

(1) 组织所面临环境的复杂程度。

(2) 组织所属部门各自面临环境的差异程度。

3. 管理者与下级因素

(1) 管理者的素质、偏好与个性风格。

(2) 被管理者的素质、对工作的熟悉程度与控制能力。

(3) 管理者与被管理者之间的关系等因素也影响集权与分权程度。

(三) 分权的实施

1. 分权的标志

(1) 决策的数量。大量的决策由基层做出，则分权程度较高。

(2) 决策的范围。基层决策涉及的范围越广，说明分权程度越高。

(3) 决策的性质。较多的重大性质的决策由基层做出，则分权程度较高。

(4) 对下级决策的控制程度。下级做出的决策需要经常向上级请示与汇报，则分权程度较低。

2. 分权的途径

(1) 制度分权。

(2) 工作授权。

三、授权

(一) 授权的优越性

(1) 授权有利于组织目标的实现。

(2) 授权有利于领导者从日常事务中解脱出来，集中力量处理重要决策问题。

(3) 授权有利于激励下级，调动下级的工作积极性。

(4) 授权有利于培养、锻炼下级。

(二) 授权的要求

(1) 依工作任务的实际需要授权。

(2) 适度授权，该放给基层的权力一定要放下去，但也要防止授权过度。

(3) 授权过程中，必须使下级职、责、权、利相当。

(4) 实行最终职责绝对性原则，即上级授权给下级，但对工作的最终责任还是要由上级来承担。

(5) 上级必须坚持有效监控原则，授权不等于放任自流，上级必须保有必要的控制。

四、组织的制度规范

(一) 组织的制度规范的类型与特点

1. 组织的制度规范的类型

(1) 组织的基本制度。组织的基本制度是指规定组织构成和组织方式、决定组织性质的基本制度。

(2) 组织的管理制度。组织的管理制度是指对组织各领域、各层次的管理工作所制定的指导与约束规范体系。

例如，组织中的各种职权关系与组织制度、各种部门与岗位的权责制度、各种管理程序与标准的管理制度等。

(3) 组织的技术与业务规范。组织的技术与业务规范是指组织中的各种关于技术标准、技术规程的规定，以及对业务活动的工作标准与处理程序的规定。

(4) 组织中的个人行为规范。这是针对组织中的个人，对其行为进行引导与约束所制定的规范，如员工职业道德规范等。

2. 组织的制度规范的特点

(1) 权威性。制度规范是由组织或其上级指定颁布的，要求其成员必须执行，有很高的权威性。

(2) 规范性。制度体系不但具有高度的统一性、标准性，而且体现规律的要求，对组织成员进行科学合理的指导与规范。

(3) 强制性。制度就是组织中的法，强制要求其成员执行、遵守。

(4) 稳定性。组织的规章制度一经制定，就是相对稳定的，要在一定期间内严格执行。

(二) 组织制度规范的制定与执行

1. 组织制度规范制定的原则

(1) 法制性原则。

(2) 目标性原则。

（3）科学性原则。

（4）系统性原则。

2. 组织制定制度规范的程序

（1）调研与确定目标。

（2）制定草案。

（3）讨论与审定。

（4）试行。

（5）正式执行。

3. 组织制度规范的执行

（1）加强宣传教育。

（2）明确责任，狠抓落实，严格执行。

（3）坚持原则性与灵活性的统一。

（三）组织的制度化管理

1. 制度化管理的实质

组织中的制度化管理，或称规范化管理，就是国家管理中的“法治”模式，它是同“人治”相区别的。

所谓制度化管理，就是倚重制度规范体系进行管理的模式。其实质就是靠制度规范体系构建的具有客观性的管理机制进行管理。制度化管理具有很强的客观性、规范性、正规性、稳定性。而“人治”靠的是管理者的个人权威及其情感好恶进行管理。

2. 制度化管理的要求

（1）要建立健全科学、系统的制度规范体系。

（2）要树立“法治”观念，在组织内树立制度规范的基本权威。

（3）要将坚持制度的严肃性与尊重人、调动人的积极性与创造性有机结合起来。

能力训练 ▷▷

一、复习思考

（1）什么是职权？它有哪几种类型？

（2）影响集权与分权程度的因素主要有哪些？

（3）什么是授权？授权有哪些要求？

二、案例分析

都是“授权”惹的祸？

H公司是一家时尚小家电公司，一直以来销售业绩平平，但营业额和利润都还算稳定。公司高层管理者想在销售方面有所突破，制定了这样的政策：给下面的销售分区经理和员工充分授权，使一线人员无须经过上级的层层批准就有权独立处理顾客的特殊要求，如修改现有的产品和服务，调货甚至降低价格。

后来发现公司的政策演变成了无原则地取悦客户：大幅压低价格，增加附加服务。由于授权太过充分，有一个区副经理竟然在没收到客户定金的情况下赊销了价值30万元的原材料；有一个一线销售人员则以产品降价10%为条件从客户手里收取回扣。

问题：公司高层管理者是否应收回“授权”，回到以前20元钱就需审批的时候？为什么？

三、技能测试

行动能力测试

测试导语：

行动能力不强的人，就算机会来了也会让它轻易地溜掉；行动能力强的人，不但能抓住机会，而且能主动创造机会。下面的测试题，将测试你的行动能力，请你根据自己的实际情况回答。

(1) 你喜欢行动超越计划吗？

A. 是　　B. 否

(2) 如果整天无事可做，你会觉得无聊吗？

A. 是　　B. 否

(3) 在同样的时间内，你常比别人完成的任务多吗？

A. 是　　B. 否

(4) 度假时，你喜欢刺激和热闹吗？

A. 是　　B. 否

(5) 你喜欢组织群众吗？

A. 是　　B. 否

(6) 如果乘电梯的人太多，你宁愿爬楼梯吗？

A. 是　　B. 否

(7) 即使是周末，你也一样早起吗？

A. 是　　B. 否

(8) 你无法忍受闲着没事干的情况吗？

A. 是　　B. 否

(9) 凡事你都喜欢参与，而不喜欢旁观。

A. 是　　B. 否

(10) 你喜欢言之有理的聊天吗？

A. 是　　B. 否

(11) 你喜欢一次跨两级楼梯吗？

A. 是　　B. 否

(12) 你对赛车的情况会表现出不耐烦吗？

A. 是　　　　　　　　　B. 否

(13) 你的工作更繁忙吗？

A. 是　　　　　　　　　B. 否

(14) 你喜欢忙忙碌碌地过日子吗？

A. 是　　　　　　　　　B. 否

(15) 你喜欢花许多时间冥思苦想吗？

A. 是　　　　　　　　　B. 否

(16) 你曾经想过“究竟我来自何处”和“为什么”吗？

A. 是　　　　　　　　　B. 否

(17) 你喜欢做填字游戏吗？

A. 是　　　　　　　　　B. 否

(18) 你喜欢参观博物馆的画廊吗？

A. 是　　　　　　　　　B. 否

(19) 别人都认为你的动作太慢吗？

A. 是　　　　　　　　　B. 否

(20) 你总是对新的工作兴趣表现一般吗？

A. 是　　　　　　　　　B. 否

评分标准：

1～14 题选择 A 得 1 分，选择 B 不得分；15～20 题选择 A 不得分，选择 B 得 1 分。然后将各题所得的分数相加。

测试结果：

(1) 总分为 17～20 分

行动能力很强。你是个标准的行动实践家，凡事都不会光说不练，尤其喜欢忙忙碌碌地过日子；你喜欢主动参与，行动计划永远排得满满的，越忙越有劲。

(2) 总分为 12～16 分

行动能力较强。对情况变化表现得非常机敏，你喜欢过得忙碌。

(3) 总分为 7～11 分

行动能力较差。你是个介于实践家和梦想家之间的人，行动动机的选择依赖自己的好恶，不具有稳定性。

(4) 总分 0～6 分

行动能力很差。你是个标准的梦想家，你不轻率行动，凡事都主张“等等看”。过于消极，缺乏机敏，机会对于你来说如同云雾，来了你也抓不住。

四、管理游戏

他的授权方式

形式：8 人一组为最佳。

时间：30 分钟。

材料：眼罩4个，20米长的绳子一条。

适用对象：全体参加团队建设及领导力训练的学生。

活动目的：让学生体会及学习作为一位主管在分派任务时通常犯的错误及改善的方法。

操作程序：

(1) 老师选出一位总经理、一位总经理秘书、一位部门经理，一位部门经理秘书，四位操作人员。

(2) 老师把总经理及总经理秘书带到一个看不见的角落而后给他说明游戏规则：

① 总经理要让秘书给部门经理传达一项任务，该任务就是由操作人员在戴着眼罩的情况下，把一条20米长的绳子做成一个正方形，绳子要用尽；

② 全过程不得直接指挥，一定是通过秘书将指令传给部门经理，由部门经理指挥操作人员完成任务；

③ 部门经理有不明白的地方也可以通过自己的秘书请示总经理；

④ 部门经理在指挥的过程中要与操作人员保持5米以上的距离。

有关讨论：

(1) 作为操作人员，你会怎样评价你的这位主管经理？如果是你，你会怎样分派任务？

(2) 作为部门经理，你对总经理的看法如何？你对操作人员的执行过程的看法如何？

(3) 作为总经理，你对这项任务的感觉如何？你认为哪方面是可以改善的？

五、项目训练

举办校园艺术节活动的授权书

某高职院校每年5月都要组织学生开展各式各样的文化艺术活动，许多工作由学生管理工作部门授权校学生会负责组织实施。请根据你对学生会活动的了解和认识，拟定一份学校学生管理工作部门关于举办校园艺术节活动的授权书。

项目十六 观察与认识组织机构变革和发展

学习目标

知识目标

了解组织机构变革和发展的概念与动因、过程与措施。

能力目标

能判别组织机构变革的动因；能提出组织机构变革和发展的方式与措施。

思政目标

促进组织机构变革和发展符合新时期中国特色社会主义发展方向。

案例导入 ▷▷

J公司的组织机构变革

J公司是一家电子企业。近年来，由于外部环境变化较大，市场竞争日趋激烈，企业经营状况日趋恶化，经济效益逐年滑坡，至2018年年底企业出现经营亏损。为此，企业负责人在组织专家论证、多方咨询的基础上，对企业管理症结和企业组织结构、决策结构等方面进行全面分析，发现：尽管企业近年年底出现账面亏损，但部分分厂与车间的赢利指标和其他综合经济指标却遥遥领先，其生产的产品也具有相对独立性和巨大的市场前景。然而多年来由于受传统的工厂式组织结构和管理方式的局限，这部分适销对路产品的生产规模和经营效益难以得到发展，其经营业绩一直得不到充分的体现，也影响其经营积极性的发挥。

认识到上述问题后，该公司决策层提出了调整企业内部组织结构，进行资产剥离组合的变革设想，并加以实施。

(1) 通过实行股份制改造，对原有的企业组织进行重新整合与裂变，将有发展前景、产品畅销的部分分厂和车间通过资产评估、折价入股的方式，组建成股份有限公司。新组建的股份有限公司以适销对路的产品为龙头，集团化经营，发展规模经济，扩展市场份额。

(2) 重新设计组织结构，打破原有的以职能划分为主的机构设置，取而代之的则是以市场部为主体的，以产品开发部、资金核算部为两翼的扁平组织结构。这种结构最显著的特点是扁平化，只有决策层和实施层，公司各个单位是平等的，管理全部放到各单位。

(3) 企业分为集团公司总部和下属工厂、子公司两个层次。集团公司是一级法人，下属各工厂、子公司对外是独立法人，且实行混合所有制，但生产经营活动都由集团公司统一管理，集团公司掌握决策权和资本经营实施权。这种结构吸收了事业部制结构和直线制结构的优点，形式上没有事业部一级机构，但通过总部对下属单位直线管理，使下属单位基本发挥事业部功能。

(4) 作为最高决策机构集团公司非常精干，由总经理、副总经理、总会计师、工会主席等 18 人组成，指挥下属单位的生产与经营。处于扁平双层结构第二层的是各工厂和子公司，各工厂内部的组织机构设置也是高效精干，实行厂长负责制，最大限度地减少非生产性人员，以提高劳动生产率。

(5) 在内部机构监管方式上，通过股东会、监事会、董事会三者制衡机制和法人治理结构以及上述企业组织的重新整合，形成了具有较强竞争力的企业集团。至 2020 年年底，新组建股份有限公司利税比上年同期提高了 1 倍多，产品市场覆盖率也由原来的 3%提高到 6.5%，大大地提高了该企业产品的市场竞争力。

思考与分析：

(1) J 公司进行了哪几个方面的变革？变革的依据是什么？

(2) J 公司的组织机构变革为何能使公司得到进一步发展？

知识学习 ▷▷

一、组织机构变革和发展的概念与原则

1. 组织机构变革和发展的概念

组织机构变革是指通过对组织的结构进行调整修正，使其不断地适应外部环境和内部条件的过程。

组织机构发展指运用组织行为学的理论和方法，对组织进行有计划的、系统的改革，以便促进整个组织更新和发展的过程，其目的在于提高组织的效能。

组织机构变革和组织机构发展虽然有所区别，但两者又是密切联系着的。组织机构发展要通过组织机构变革来实现，变革是手段。变革的目的的是使组织机构得到发展，以适应组织内外条件的要求，有效地行使组织职能。

2. 组织机构变革和发展的指导原则

(1) 必须由组织管理部门来制订有计划、有系统的规划。

(2) 这个规划既要适应当前的环境，也要使适应未来环境的要求。

(3) 这一规划必须预见到知识、技术的改变，以及程序、行为和组织设计的改变。

(4) 这一规划还必须建立在提高组织绩效和个人工作绩效的基础上，以促进个人目标和组织目标的最佳配合。

二、组织机构变革和发展的目的与程度

1. 组织机构变革和发展的目的

(1) 提高组织适应环境变化的能力。

（2）改变成员的行为。

2. 组织机构变革和发展的程度

（1）渐进式变革，如日本丰田公司产品和工程部的负责人北野南夫推行的渐进式变革。

（2）激进式变革。这种变革涉及重新建构组织以及组织所处环境，如美国波音公司的激进式变革。

三、组织机构变革的动因

1. 外部环境的变化

（1）技术的不断进步。

（2）价值观念的变化。

（3）竞争的加剧。

（4）国家政策的变化。

2. 内部条件的变化

（1）组织内部的管理方式阻碍了成员的发展。

（2）组织仍然是等级分明，组织内缺乏民主。

（3）组织仍然只靠奖惩手段推动成员工作。

（4）组织对成员的成绩及需要不予重视。

四、组织机构变革的阻力

1. 心理原因造成的阻力

（1）变革会破坏某些人的职业认同感，使他们产生某种程度的不安全感，因而抵制变革。

（2）变革带来的后果是未知的，存在成功和失败两种可能性。

（3）变革会引起某些人地位和职权的变化，影响他们的既得利益。

2. 经济原因造成的阻力

如果变革造成了部分人直接或间接的收入降低，那么这部分人就会抵制变革。

3. 社会群体原因造成的阻力

（1）组织机构变革有可能打破群体的平衡状态，因而会遭到群体的反对。

（2）变革的阻力也来自实行典型的等级制组织结构的组织本身。

五、克服变革的阻力

1. 让组织成员参与变革

（1）领导者对变革表现出有足够的决心、信心和诚意，并勇于承担责任。

（2）在参与讨论变革的各类人员中，要包括不同层次和不同专业的人员。

（3）领导者要真心实意地听取下级建议。

2. 利用群体动力

(1) 造成强烈的归属感。

(2) 树立组织的威望。

(3) 利用群体目标。

(4) 形成共同的认知。

(5) 利用个人的威信。

(6) 注意群体规范。

(7) 充分进行沟通。

3. 奖励变革中的创新者

领导者应善于发现变革过程中涌现出来的创新人物和创新行为，并及时给予表彰。

六、组织机构变革的过程与程序

1. 变革的过程

(1) 解冻。

(2) 变革。

(3) 再解冻。

2. 变革的程序

(1) 确定变革的问题。

(2) 组织诊断。

(3) 提出方案。

(4) 选择方案。

(5) 制订计划。

(6) 实施计划。

(7) 评定效果。

(8) 反馈。

七、实行组织机构变革的方式与措施

(一) 组织机构变革的方式

(1) 人员导向型。

(2) 组织导向型。

(3) 技术导向型。

(4) 系统导向型。

(二) 组织机构变革和发展的措施

1. 目标管理

(1) 将工作任务目标化。

（2）充分发挥职工的主动性和创造性。

（3）重视对职工心理与行为的激励。

2. 敏感性训练

（1）不规定正式议题，让参加者自由讨论，相互启发，增进了解。

（2）训练者鼓励参加人员充分发表自己看法，认识自己的行为，体验自己对他人的影响。

（3）充分敞开思想，相互学习，增进新的合作行为。

（4）进入工作阶段，强调群体活动的作用，重视整个小组解决问题的效率。

3. 职工事业发展计划的辅导

（1）采用手册、小组会，帮助职工提高自我评价的能力。

（2）编制简单的职业名称及具体的招聘通告，传递职业机会的信息。

（3）安排经理人员、顾问或专业人员担任职业辅导工作。

（4）举办知识技能训练班或提高工作能力的训练班。

（5）通过工作设计和其他活动，促进职工个人的发展。

（6）进行工作轮换，编制更换职业指南，为职工创造调换工作的机会。

（7）组织小组研讨会，相互帮助制订事业发展的目标和行动的规划。

能力训练 ▷▷

一、复习思考

（1）什么是组织机构变革和发展？

（2）组织机构变革的动因和阻力有哪些？

（3）简述实行组织机构变革和发展的主要措施。

二、案例分析

IBM组织结构的变革

IBM（国际商用机器公司）是美国也是世界最大的电子计算机制造商，创建于1911年。1970—1984年，销售额增加5.1倍，平均每年增长13%以上；净利润增加了5.5倍，平均每年增长34.7%。自20世纪70年代末以来，在微电子技术领域，产品更新周期日益缩短，平均不到三四年。国内外许多资本、技术雄厚的企业纷纷染指这一领域。IBM一时面临着对手如林的局势。

要扭转这一被动局面，IBM不得不考虑如何建立一套有利于开发、创新的新组织体系。IBM的组织结构改革过程大致分成三个阶段：第一阶段，进行组织改革试点，在公司设立“风险组织”；第二阶段，全面调整与改革总公司的领导组织，形成新的领导体制；第三阶段，调整与改革子公司的领导体制。改革从1980年起，至1984年，历时4年。

早在1980年，IBM就开始在公司内设立“风险组织”，进行试验。3年内，先后建立了15个专门从事开发小型新产品的“风险组织”。这种组织有两种形式：一种是独立经营单位（IBU)，另一种是战略经营单位（SBU)，它们都是拥有较大自主权的相对独立的单位。

独立经营单位为IBM公司在1979年首创，直属总公司专门委员会领导。总公司除提供必要的资金和审议其发展方向外，不干涉其任何经营活动，故有“企业内企业”之称。它可以设立自己的董事会，自行筹集资金和决定经营策略等，在产销、财务、人事等方面被授予较大的自主权。独立经营单位，由于既有小企业的灵活性，又有大公司的实力（资金、技术、营销系统)，故较一般独自创办的风险企业有较大的优越性。IBM将这一组织形式运用于个人电脑开发，仅用了11个月就完成了通常需要4年的从研制到生产的全过程。1984年，IBM个人电脑销售达50亿美元，占公司总销售额的10%，占美国市场的21%。

战略经营单位是一种战略组织形式，其地位等同于事业部或集团。但事业部一般是以产品或地域为中心的组织，而战略经营单位则是以经营为中心的组织，是公司内关键性的经营核算单位。“风险组织”的试验成功，使IBM得到启发，现代大企业必须重视分权管理，同时要加强战略指导。

1983年，IBM着手改组最高决策层和总管理层以及战略领导体制。

(1) 改善最高决策组织。把原来仅由董事长和总裁两人组成的企业办公室与作为协议机构的经营会议合并改组为企业管理办公室，使正式成员由原来的6人增加到16人，新增成员有董事会经营委员会会议长、副董事长、常务副总裁、主管科学组织和研究开发的副总裁以及地区总公司经理。这一改组是为了吸收更多的人参与最高决策，从而改进决策层智力结构，加强集体决策机制。

(2) 建立政策委员会和事业营运委员会。政策委员会由董事长、总裁、副董事长和两名常务副总裁共5人组成，负责长期战略决策。事业营运委员会由参加政策委员会的一名常务副总裁负责，外加主管公司计划财务的副总裁、分管事业部门的常务副总裁及分管地区总公司的常务副总裁和其他副总裁等10人组成，负责短期战略决策。政策委员会是企业管理办公室决策的战略指导核心，事业营运委员会是企业管理办公室的决策机构。

(3) 调整总公司管理层。IBM的行政指挥系统共由4级组成：总公司—事业部组织（执行部）和地区性公司—事业部和地区子公司—工厂。其中，总公司、事业部组织和地区性公司属于总管理层。总公司管理层的改组是通过成立企业管理办公室、政策委员会和事业部运营委员会完成的。而事业部和地区子公司，则是通过大规模改组进行的。如图16-1所示，IBM原有的数据产品组、数据市场组和通用商业组3个事业部组，经改组成为信息系统组、信息系统技术组、信息系统库存组、信息系统产品组和信息系统通信组5个事业部门，如图16-2所示。

IBM原有的3个地区性公司（世界贸易总公司、美洲-远东公司和欧洲-中东-非洲公司)，由IBM世界贸易总公司统一协调，管理着130多个国家和地区的子公司。这些子公司并列接受地区性公司指挥，没有中间领导层次，管理跨度很大。改组中，IBM根据地区、市场和产品专业化等情况，建立自主经营的事业体，把各国的子公司合理集中起来，以加强指导管理。

IBM在建立新的领导体制和改组原有地区公司的基础上，积极实行管理授权与分权，分层次、有秩序地扩大授权范围和推行分权管理。

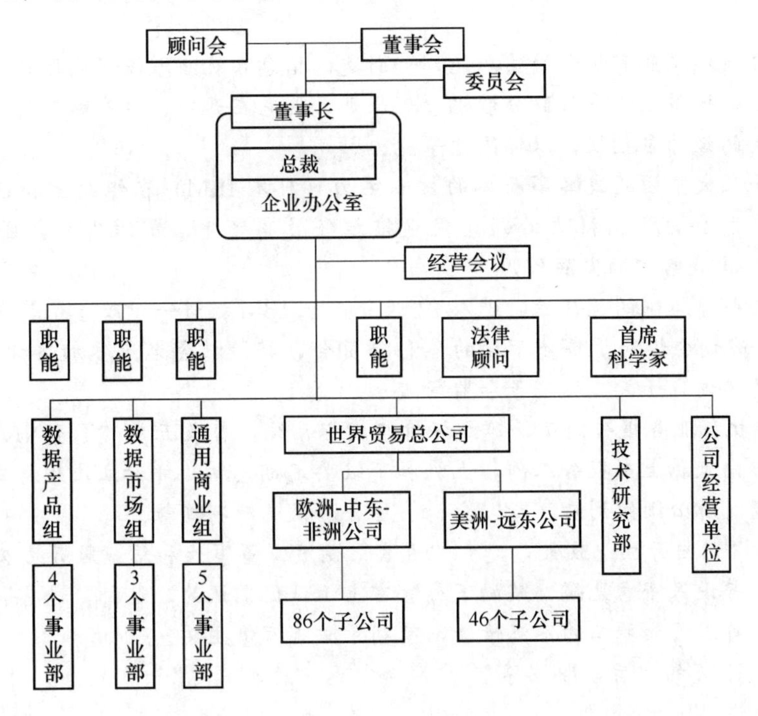

图 16-1　IBM 改革前的组织机构示意图

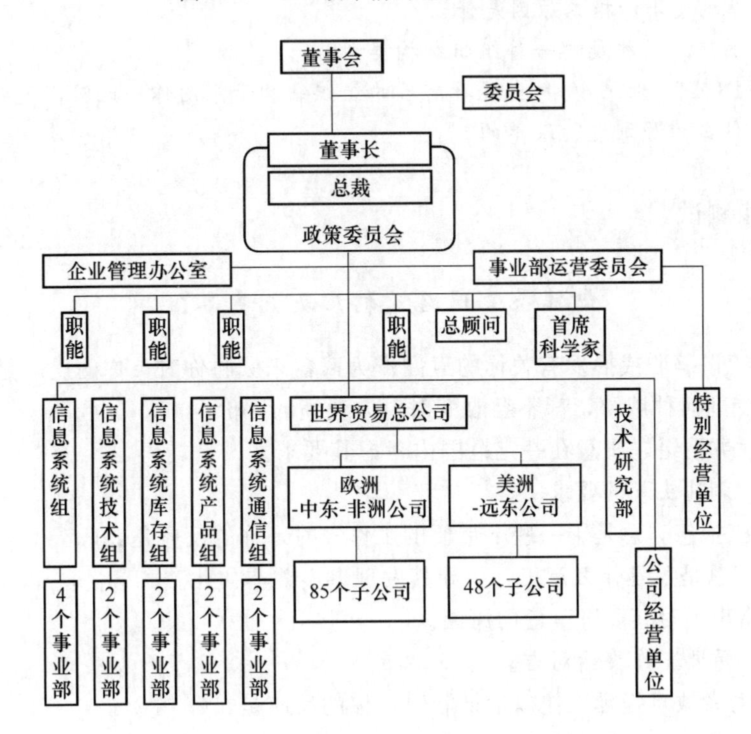

图 16-2　IBM 改革后的组织机构示意图

一是给总公司事业营运委员会以较大的自主权，使它能根据市场需要能动地发展风险事业。

二是允许某些事业部扩大销售职能，如新建的信息系统组增设了地区销售部。

三是对新地区事业体系采取分散化管理原则，使它在开发、生产和销售等方面比原子公司具有更大的经营自主权，以提高竞争能力。

四是授予亚太集团的战略事业体的核心主力（日本 IBM）在组织上和经营上的完全自主权，并由总公司派出得力的副总裁直接担任最高领导，发挥亚太集团特别是日本 IBM 在实现公司战略中的尖兵作用。

为了提高领导体制的适应性，进入 21 世纪以来 IBM 还进一步改善了其支持系统。

(1) 健全咨询会议和董事会下设的各种委员会，聘请社会名流参加咨询，担任董事，组成有威望的咨询班子、工作班子和监督班子。

(2) 严格执行业务报告制度，建立评价与指标系统，普及五步“THINK”，即所有职员都必须经常向直属上司报告工作，上级和下级要定期总结、评价立法改进工作，各级在决策处理问题时都必须做到看、听、分析、综合和做明确判断等。

(3) 实行“门户开放”政策，建立“进言”制度。董事长和总裁敞开办公室大门，欢迎职工来访。普设保密意见箱，鼓励下属直言上诉，他们认为，这种“进言”制度是一种很好的沟通，可以缓和职工的不满情绪，有利于防止官僚主义。

(4) 坚持 IBM 的宗旨，即“尊重”“服务”和“追求卓越”。

问题：

(1) 组织结构变革的根本原因是什么？

(2) IBM 的组织结构属哪一种组织结构类型？

(3) 试对 IBM 20 世纪 80 年代改革前后的组织结构示意图作一比较，说明其改革部分有哪些？是以什么为原则进行改革的？

三、技能测试

你能否管理好“刺儿头”员工？

(1) 当员工以辞职或揭发有关你的丑闻作为武器来威胁你时，你的反应是：(　　)

A. 不论受到何种威胁，都不会改变对对方业绩的评价。

B. 缓和对方情绪，愿意在一定范围内考虑其要求。

C. 接受“刺儿头”的要求。

(2) 当员工抱怨“总是干一些不重要的工作”时，你的反应是：(　　)

A. 追问“总是”是什么意思，引导其发现事实并非如此。

B. 直接指出不对其委以重任的原因。

C. 立即将重要工作交给对方。

(3) 当反对者故意拖延工作以示抵制时，你的反应是：(　　)

A. 执行公司纪律，下达书面批评或将其调职。

B. 通过做思想工作来化解矛盾。

C. 暂时搁置。

（4）对经常提出批评的反对者，你的反应是：（　　）

A. 与对方一起讨论建设性批评的好处，并与破坏性批评进行对比。

B. 对其批评进行控制。

C. 接受反对者的批评。

（5）对于拥有一定背景和资源的“刺儿头”员工，你的处理方法是：（　　）

A. 若即若离，保持一定距离，若其犯错绝不纵容。

B. 不考虑背景，对待其像普通员工一样。

C. 为了维持背景关系，偶尔对其通融。

（6）对于技艺上有优势的“刺儿头”员工，你的处理方式是：（　　）

A. 有意对这样的员工进行“冷处理”，让其体会团队的力量。

B. 一视同仁。

C. 因为依赖其技艺，只好顺着对方。

（7）对散播不良情绪、有意跳槽的员工，你的处理方式是：（　　）

A. 如果员工去意已定，可以请其提前离开。

B. 阻止其散播不良情绪。

C. 暂时不管。

（8）对于公司里的怀疑论者，你的态度是：（　　）

A. 阻止其使团队士气受挫，令其察觉自己的消极作用。

B. 允许一部分的怀疑论者存在。

C. 怀疑可以发现计划的漏洞，所以不干涉怀疑论者。

（9）对于喜欢哗众取宠、传播小道消息的人，你的态度是：（　　）

A. 大力培养正面舆论，对其进行教育。

B. 与其进行更多沟通。

C. 这是办公室里的琐事，无所谓。

（10）对付计划或执行当中的反对者，你会：（　　）

A. 先镇住对方，按照规则来办事，并要求对方提供证据。

B. 对其置之不理。

C. 马上考虑对方的意见。

测评结果：

选 A 得 3 分，选 B 得 2 分，选 C 得 1 分，最后将分数加总。

（1）总分 10～16 分

面对公司里与你意见或行为上相抵触的“刺儿头”员工，你的意见和行为方式常常会受到影响。你想为对方考虑，寻找两全其美的平衡点，从而表现出很大的妥协性。但是你必须代表公司的利益，对“刺儿头”员工进行管理，不然问题会越来越多，最后导致组织分化。

（2）总分 17～23 分

你是一个以缓和方式处理问题的人，建议你用行动来体现你的说服力，为这些高傲的“刺儿头”员工树立一个典范，让这些人看看一个有权威的人是怎样处理问题、实现团队目标的。

(3) 总分 24～30 分

你有着干净有力的行事风格，不喜欢拖泥带水，同时也很会管理“刺儿头”员工——做事讲究方式方法，没有因为要保持组织的纯洁度，就一味打压反对者。

四、管理游戏

佳人何处寻

内容：因为不需要任何烦琐的准备工作、人人都可胜任、愉快、轻松、尽兴，所以这个游戏一直深受人们喜爱。游戏参与者要在最短的时间内，默读出其他人背后贴着的名字，进而联想自己背后的名字。

道具：纸、笔、透明胶带。

方法：

(1) 男女双方人数一样，合计 10 人最为适宜。

(2) 游戏前，先在纸上写上诸如“罗密欧”与“朱丽叶”、“王祖贤”与“齐秦”、“梁山伯”与“祝英台”等成对佳偶的名字。

(3) 将这些已写好名字的纸中的男性名字贴在男生的背后，女性名字贴在女生背后。同时，不可让所有参赛者看到彼此背后所贴的名字。

(4) 一切就绪后，所有出场者，个个竭尽所能，在不能开口说话的情况下，默读出他人背后的名字，然后推想自己背后的名字。倘若读出了所有人员背后的名字，就不难推出自己背后的名字了。

(5) 猜出自己背后的名字后，要赶快与自己搭档的对象凑成一组，互相挽胳膊。

(6) 到最后没有成对的人，就是负方。

目的：增强寻觅过程配合，所以人人都应相处得宜，相互配合，以期找出彼此的最佳拍档。

项目十七 招聘、培训与考核员工

学习目标

知识目标

了解人力资源管理的内容与要求；掌握人员招聘与组合的程序和内容；掌握人员培训与考核的内容。

能力目标

能组织招聘活动并选聘到组织所需员工；能科学合理地培训与考核不同岗位的员工。

思政目标

提高在招聘、培训与考核员工过程中职业道德重要性认识。

案例导入 ▷▷

招聘员工

NLC 化学有限公司是一家研制、生产、销售医药、农药的跨国企业，耐顿公司是 NLC 化学有限公司在中国的子公司，主要生产、销售医疗药品，随着生产业务的扩大，为了对生产部门的人力资源进行更为有效的管理开发，2020 年初始，分公司总经理把生产部门的经理于欣和人力资源部门的经理吕建华叫到办公室，商量在生产部门设立一个处理人事事务的职位，负责生产部与人力资源部的协调工作。最后，总经理说希望通过外部招聘的方式寻找人才。

在走出总经理的办公室后，人力资源部经理吕建华开始了一系列工作。在招聘渠道的选择上，吕建华设计了两个方案。一个方案是在本行业专业媒体中做专业人员招聘，费用为 10 000 元，其好处是对口的人才比例高，招聘成本低，但宣传力度小。另一个方案是在大众媒体上做招聘，费用为 50 000 元，其好处是企业影响力度很大，但非专业人才的比例很高，前期筛选工作量大，招聘成本高。经比较，初步选用第一种方案。总经理看过招聘计划后，认为公司在大陆地区处于初期发展阶段，不应放过任何一个宣传企业的机会，于是选择了第二种方案。

其刊登的招聘广告内容如下：

> 您的就业机会就在 NLC 化学有限公司下属的耐顿公司。
> 一个职位：对于希望发展迅速的新行业的生产部人力资源主管。
> 负责生产部和人力资源部两个部门的协调性工作。
> 抓住机会！充满信心！
> 请把简历寄到：耐顿公司 人力资源部（收）

在一周的时间里，人力资源部收到了 800 多份简历。吕建华和人力资源部的人员在 800 份简历中筛出 70 个有效简历，再次筛选后，留下 5 人。于是吕建华来到生产部门经理于欣的办公室，将这 5 人的简历交给了于欣，并让于欣直接约见面试。于欣筛选简历后认为可从李楚和王智勇两人中做选择。他们将两人的资料对比如下：

- 李楚，男，企业管理学士学位，32 岁，有 8 年一般人事管理及生产经验，在此之前的两份工作均有良好的表现。
- 王智勇，男，企业管理学士学位，32 岁，有 7 年人事管理和生产经验，以前曾在两个单位工作过，第一位主管评价很好，没有第二位主管的评价资料。

从以上资料可以看出，李楚和王智勇的基本资料相当。但值得注意的是：王智勇在招聘过程中，没有上一个公司主管的评价。公司通知两人一周后等待通知，在此期间，李楚在静待佳音；而王智勇打过几次电话给人力资源部经理吕建华，第一次表示感谢，第二次表示非常想得到这份工作。

生产部门经理于欣在反复考虑后，来到人力资源部经理室，与吕建华商谈何人可录用，吕建华说："两位候选人看来似乎都不错，你认为哪一位更合适呢？"于欣说："两位候选人的资格审查都合格了，唯一的问题是王智勇的第二家公司主管给的资料太少，但是虽然如此，我也看不出他有何不好的背景，你的意见呢？"

吕建华说："显然你我对王智勇的面谈表现都有很好的印象，人嘛，有点圆滑，但我想我会很容易与他共事，相信在以后的工作中不会出现大的问题。"

于欣说："既然他将与你共事，当然由你做出最后的决定。"于是，最后决定录用王智勇。

王智勇来到公司工作了六个月，在工作期间，经观察：发现王智勇的工作不如期望的好，指定的工作他经常不能按时完成，有时甚至表现出不胜任其工作的行为，所以引起了管理层的抱怨，显然他对此职位不适合，必须加以处理。

然而，王智勇也很委屈：在公司工作了一段时间，招聘所描述的公司环境和各方面情况与实际情况并不一样，原来谈好的薪酬待遇在进入公司后又有所减少。工作的性质和面试时所描述的也有所不同，也没有正规的工作说明书作为岗位工作的基础依据。

那么，到底是谁的问题呢？

思考与分析：NLC 公司的招聘操作程序存在哪些问题？

知识学习 ▷▷

一、人力资源管理的内容与要求

（一）人力资源与人力资源管理

1. 人力资源的概念

当把人的资源看成是组织最重要、最有活力、最能为组织带来效益的资源时，组织的全体成员就是人力资源。

现代管理的一个重要趋势就是以人为中心的管理。现代管理的核心就是对人的管理，从这个意义上说，“管理就是管人”。因此，人力资源管理是极为重要的。

理解人力资源的概念要把握几个要点：

（1）人是组织最宝贵的资源，他将决定其他资源作用的发挥；

（2）组织的全体成员都属于人力资源，而不仅限于“人才”；

（3）人力资源不仅可以带来效益，而且其本身是可以被不断开发的。

2. 人力资源管理的概念

在狭义上，人力资源管理是指为实现组织目标，对组织成员所进行的计划、组织、领导、控制行为。

在广义上，人力资源管理包括狭义的人力资源管理和人力资源开发。人力资源开发是指对人力资源的充分发掘与合理利用，以及对人力资源的培养与发展。

3. 人力资源管理的内容

人力资源管理包括从对组织成员所进行的计划、组织、领导、控制到对人力资源的充分发掘与合理利用和对人力资源的培养与发展等极为丰富的内容。鉴于一些内容在有关模块、项目中已进行学习，本项目主要研究以下两个方面的内容。

（1）人员选聘与组合。即根据组织岗位的需要，选拔配备合适的人才，并进行优化组合。

（2）人力资源开发。将人作为一种最为宝贵的资源，通过合理使用、有效激励、科学考核、系统培养，促进人的全面发展。

（二）人力资源管理的要求

1. 人与事的科学配合

选拔配备人员最基本的要求是“人”与“事”的科学配合。要使人才的类型、特长与其所从事的工作的性质、特殊要求相一致，使最适宜的人担任最适宜的职务。

2. 要择优选拔人才

要选拔最优秀的人才到组织中担任“运动员”“教练员”和管理者，而且要破格选拔，绝不可论资排辈。没有一流的人才，就没有一流的业绩。

3. 要用人所长

任何人都是有优点又有缺点的，关键是能否做到用人所长。择其长而用之，就会最大限度地发挥人的作用。

4. 要人才互补、优化组合

组织中需要各种各样的人才，只有把不同类型的人才合理地组合到一起，实行优化组合，才能实现组织的整体最优。

5. 要公平竞争

要选拔与培养优秀的人才，就必须引入竞争机制，公开选拔，公平竞争。

6. 要有效激励

要通过各种形式进行有效激励，最大限度地调动组织中成员的积极性，充分发挥他们的潜能。

7. 要使人才全面发展

对人才，不能只使用不培养。必须坚持在使用中全面培养，使人才全面发展。

二、人员选聘与组合

(一) 人员选聘

1. 人员选聘的方式

(1) 内部选拔。

(2) 对外公开招聘。

(3) 其他方式，如运动员通过谈判转会等方式进行选聘。

无论是专业人才，还是管理人才，选聘的最重要方式都是公开招聘。要采用各种有效形式，对应聘者进行测试，包括心理测试、知识测试、能力测试。具体方式有书面测试与面试。

2. 选聘的基本程序

公开招聘的基本程序如下。

(1) 人力资源计划与招聘决策。根据组织目标的需要，制订人力资源计划，并做出具体的招聘决策。

(2) 发布招聘信息。要利用多条渠道，广泛发布招聘信息，以吸引更多的人才应聘。

(3) 招聘测试。

(4) 审查聘用。对应聘者进行全面的审查评定，最后决定是否聘用。

(5) 培训上岗。决定聘用后，要进行全面的岗位培训，以适应岗位工作。有的还要经过试用。

(二) 人员组合与流动

1. 实现最佳组合的途径

(1) 组织成员的相容性。组织的相容性是指组织的成员之间具有相同或相似的思想、志向、性格等，关系融洽，愉快共事。这是最佳组织人员组合的基础。

(2) 组织成员的互补性。组织成员的互补性是指组织成员之间具有不同的素质、能力、个性风格，使其形成一种互补效应，从而发挥人员组合的整体优势。组织的管理者应对其组织的成员进行科学组合，在注意人员组合同质化的同时，寻求适度异质组合，实现组织的相容性与互补性的结合，以建立最佳组合。

如在管理人员的组合中，在统一思想、统一目标、统一行动的前提下，实现最佳年龄组合、最佳知识技能组合、最佳气质性格组合等。

2. 人员流动

行业人才竞争激烈，人员流动也就是必然现象。

(1) 人员流动的利弊分析。人员流动有利于促进交流与发展；有利于人才的培养；有利于人才的使用与资源的节约；有利于人才的竞争与促进组织活力的增强。其最大的弊端是造成本组织人才的流失。

(2) 人员流动的对策。首先，对人员流动应树立正确的观念，特别是人才管理的动态观念、人才培养观念、人才竞争观念；要千方百计地留住人才，重在培养，全力培养更多的人才，认可必要的流动；要用优惠政策挖掘与招聘人才，在流动中管理人才，在流动中培养人才，在流动中招揽与汇集人才；制定人才流动的有关政策法规，完善与发展人才市场。

(3) 人员交流的形式与方法。人员进行流动的基本渠道是通过人才市场。一些人才流动的特殊方式可供借鉴：各地区与单位之间的“运动员”交流协作、委托代训流动、有偿转会流动、协作攻关流动、业余兼职等。

三、人员培训

组织人力资源管理的最为重要的任务之一就是引导与促进人的全面发展。

(一) 人员培训的内容

(1) 职员培训的基本内容：思想觉悟与职业道德；有关理论知识；技术与能力；身体素质。

(2) 管理者培训的基本内容：思想觉悟与职业道德；理论知识与技术；管理理论与技能。

(二) 人员培训的方式

(1) 管理者培训的方式：日常培训；实战培养；参加短训班；在岗培训；定期轮训；学术交流；出国考察；脱产学习等。

(2) 员工培训的方式：岗前培训；岗位练兵；脱产培训等。

四、人员考核

(一) 人员考核的含义与作用

(1) 含义：人员考核是指按照一定的标准，采用科学的方法，衡量与评定人员完成岗位职责任务的能力与效果的管理方法。

(2) 人员考核的作用：人员考核是人员任用的依据；是决定人员调配和职务升降的依

据；是进行人员培训的依据；是对员工确定劳动报酬的依据。

(二) 人员考核的内容

对人员进行考核，主要涉及德、能、勤、绩、廉。

(1) 德：即考核人员的思想政治表现与职业道德。

(2) 能：即人员的工作能力，主要包括人员的基本业务能力、技术能力、管理能力与创新能力等。

(3) 勤：即人员的工作积极性和工作态度。

(4) 绩：即工作业绩，包括可以量化的刚性成果和不易量化的可评估成果。

(5) 廉：即认真贯彻执行党和国家清正廉洁的有关规定，严格要求自己，无违纪现象；注重自身修养，爱好健康向上，克己奉公，廉洁自律。

(三) 人员考核的要求

(1) 考核最基本的要求是必须坚持客观公正的原则。

(2) 要建立由正确的考核标准、科学的考核方法和公正的考核主体组成的考核体系。

(3) 要实行多层次、多渠道、全方位、制度化的考核。

(4) 要注意考核结果的正确运用，包括考核结果同本人见面，同劳动报酬、工作安排与职务晋升挂钩。

(四) 人员考核的程序

(1) 制订考核计划。

(2) 制订考核标准，设计考核方法，培训考核人员。

(3) 衡量工作，收集信息。

(4) 分析考核信息，做出综合评价。

(5) 考核结果的运用。

(五) 人员考核的方法

(1) 实测法。

(2) 成绩记录法。

(3) 书面考试法。

(4) 直观评估法。

(5) 情景模拟法。

(6) 民主测评法。即由组织的人员集体打分评估的考核方法。

(7) 因素评分法。即分别评估各项考核因素，为各因素评分，然后汇总，确定考核结果的一种考核方法。

能力训练 ▷▷

一、复习思考

(1) 怎样进行人员选聘与组合？
(2) 人员考核的内容与方法有哪些？
(3) 人员培训的内容和方式有哪些？

二、案例分析

东京迪士尼乐园扫地员工培训

到东京迪士尼去游玩，人们不大可能碰到迪士尼的经理，门口卖票和剪票的也许只会碰到一次，碰到最多的通常是扫地的清洁工。所以东京迪士尼对清洁员工非常重视，将更多的训练和教育集中在他们的身上。

东京迪士尼扫地的部分员工是暑假勤工俭学的学生，虽然他们只工作两个月，但是迪士尼培训他们扫地要花三天时间。

1. 学扫地

第一天上午要培训如何扫地。扫地有三种扫把：第一种是用来扒树叶的；第二种是用来刮纸屑的；第三种是用来掸灰尘的。这三种扫把的形状都不一样。怎样扫树叶，才不会让树叶飞起来？怎样刮纸屑，才能把纸屑刮得很好？怎样掸灰，才不会让灰尘飘起来？这些看似简单的动作却都要严格培训。而且扫地时还另有规定：开门、关门、中午吃饭，以及距离客人 1.5 米以内等情况下都不能扫地。这些规范都要认真培训，严格遵守。

2. 学照相

第一天下午学照相。十几台世界最先进的数码相机摆在一起，各种不同的品牌，每台都要学，因为客人常会请员工帮忙照相，他们可能会带世界上最新的照相机，来这里度蜜月、旅行，来迪士尼游玩。如果员工不会照相，不知道这是什么东西，就不能照顾好顾客，所以学照相要学一个下午。

3. 学包尿布

第二天上午学怎么给小孩子包尿布。孩子的妈妈可能会请员工帮忙抱一下小孩，如果员工不会抱小孩，动作不规范，不但不能给顾客帮忙，反而会增添顾客的麻烦。抱小孩的正确动作是：右手要扶住臀部，左手要托住背，左手食指要顶住颈椎，以防闪了小孩的腰或弄伤颈椎。不但要会抱小孩，还要会替小孩换尿布。给小孩换尿布时要注意方向和姿势，应该把手摆在底下，尿布折成十字形，最后在尿布上面别上别针，这些操作细节都要认真培训，严格规范。

4. 学辨识方向

第二天下午学辨识方向。有人要上洗手间，“右前方，约 50 米，第三号景点东，那个红色的房子”；有人要喝可乐，“左前方，约 150 米，第七号景点东，那个灰色的房子”；

有人要买邮票,“前面约20米,第十一号景点,那个蓝条相间的房子”……顾客会问各种各样的问题,所以每一名员工要把整个迪士尼的地图都熟记在脑子里,对迪士尼的每一个方向和位置都要非常明确。

训练三天后,发给员工三把扫把,开始扫地。如果在迪士尼里面,碰到这种员工,人们会觉得很舒心,下次会再来迪士尼,也就是所谓的引客回头,这就是所谓的员工面对顾客。

问题:参照从扫地员工的培训内容说明员工培训要注意什么?

三、技能测试

人际交往能力测验

测试题目:(请结合你自己的情况考虑下面的问题,回答“是”或“否”)

(1)你喜欢参加社会活动吗?
(2)你喜欢结交各行各业的朋友吗?
(3)你常常主动向陌生人做自我介绍吗?
(4)你喜欢发现他人的兴趣吗?
(5)你在回答有关自己的背景与兴趣的问题时感到为难吗?
(6)你喜欢做大型公共活动的组织者吗?
(7)你愿意做会议主持人吗?
(8)你与有地方口音的人交流有困难吗?
(9)你喜欢在正式场合穿礼服吗?
(10)你喜欢在宴会上致祝酒词吗?
(11)你喜欢与不相识的人聊天吗?
(12)你喜欢在孩子们的联欢会上扮演圣诞老人吗?
(13)你在公司组织的集体活动中愿意扮演逗人笑的丑角吗?
(14)你喜欢成为公司联欢会上的核心人物吗?
(15)你曾为自己的演讲水平不佳而苦恼吗?
(16)你与语言不通的外国人在一起时感到乏味吗?
(17)你与人谈话时喜欢掌握话题的主动权吗?
(18)你与地位低于自己的人谈话时是否轻松自然?
(19)你希望地位低于自己的人对你毕恭毕敬吗?
(20)你在酒水供应充足的宴会上是否借机开怀畅饮?
(21)你曾否因饮酒过度而失态?
(22)你喜欢倡议共同举杯吗?

测验说明:

本测验的答案并无正误之分。只是一般情况下,擅长于社交的人会倾向于以下答案:
(1)是 (2)是 (3)是 (4)是 (5)否 (6)是 (7)是 (8)否 (9)是 (10)是 (11)是 (12)是 (13)否 (14)是 (15)否 (16)否 (17)是

(18) 是　(19) 否　(20) 否　(21) 否　(22) 是

检查你在每一题上的答案，若与上述相应答案相符得 1 分，否则得 0 分。计算你的总分。

(1) 总分 17～22 分

你在各种各样的社交场合都表现得大方得体，从不拒绝广交朋友的机会。你待人真诚友善，不狂妄虚伪，是社交活动中备受欢迎的人物。

(2) 总分 11～16 分

你在大多数社交活动中表现出色，只是有时尚缺乏自信心，今后要特别注意主动结交朋友。

(3) 总分 5～10 分

也许是由于羞怯或少言寡语的性格，你没有表现出足够的自信。当你应该以轻松、热情的面貌出现时，你却常常显得过于局促不安。

(4) 总分 4 分或以下

你是一个孤独的人，不喜欢任何形式的社会活动。你难免被他人视为古怪之人。

四、管理游戏

三个有趣的招聘、面试游戏

游戏一：正方形绳子

随机安排五位面试者，分别蒙住他们的双眼。使他们在 15 分钟内共同将三条绳子先首尾相接成圆形，再各自拉住圆形的一点将绳子最终变为正方形。

考官意图：这是一类团队协作型的任务类游戏。在整个游戏的过程中，考官随机抽调面试者形成临时小组，并且不会在事先进行任何角色分配。在游戏进行的过程中，随着面试者自然形成的团队分工以及由此显示出的行为方式，可以帮助考官发掘出三类有价值的职业信息：首先是具备科学合理的决策、清晰的思路以及有效说服力的领导者；其次是能够很好地化解意见分歧，促进任务圆满完成的协调者；最后是及时根据任务进展，挑选出合理化建议并不折不扣遵从的执行者。而那些蛮横固执、知错不改的发号施令者，以及毫无主见、盲目执行的机械随从，都将被直接淘汰。

应试秘籍：在参与游戏时，千万不要为了突出自己或者急于表现自己的管理天分而拼命出头争当领导者，更不要为了捍卫自己并不高明的决策而与同伴争得面红耳赤。

在这类游戏中，识时务的角色其实最讨考官的欢心。比如，你一开始也是一个制定决策的领导者，但是当其他同伴提出比你更加明智科学的方案后，你可以随即转变为一个有效的协调者或者尽心的执行者。再比如，你虽然并没有参与决策的争论与制定，但是当面临多个不同方案时，你可以很快判断出最可行的一个并且进行协调与执行。

游戏二：万能曲别针

在面试一开始，考官递给面试者一个普通的曲别针，然后抛出问题“发挥你的想象，告诉我曲别针一共能有多少种用途”，面试者就配合手中的曲别针，逐条阐述并演示用途。

考官意图：遇到这样的面试游戏，可能会让很多人措手不及。因为问题大多数与你所应聘的岗位没有任何关联，所以几乎不存在事先准备的可能，而且单人完成的面试游戏也不给予你依赖于团队中他人决策的机会。这样的题目旨在考察面试者是否具备良好的逻辑思维能力和发散思维能力，能否将这两种能力有条理地结合在一起共同决策。

应试秘籍：回答这样的问题，答得快，答得多并不见得就代表敏捷优秀。那么怎样的答案才是好答案呢？其实，这道关于曲别针的考题，总共存在上万种答案，在有限的时间内根本不可能表达完整。因此，在挑选具有典型性用途作答的同时，更要特别注意答题的整体思路。

在考官看来比较优秀的答案是以曲别针的形状为逻辑结构而展开的联想：首先表明在维持原状的情形下，具备哪几类功能，比如“别东西”“作拉链头”等；然后请示考官是否能够改变形状，获得许可后分别就每一步的改变分为“掰成一条直线”“折出一个弯”“折出两个相对的弯”“折出两个相反的弯”……就不同形状分别阐述各自典型的用途，做到杂而有序。

游戏三：超人三项

这是计时型的单人挑战类游戏。在面试者面前的桌上放着三样东西：一份6 000字的项目报告，一条细线和30粒珠子，一盒袖珍型的拼图积木。要求面试者在15分钟的时间内完成所有事情：阅读报告并写出500字的评述；将所有的珠子穿在细线上；按照图示完成拼图积木的摆放。

考官意图：这属于比较复杂的一类面试游戏，时间短，任务多，难度大。不同的人在面对这类游戏时，通常会做出截然不同的行为反应。但无论你多么拼命，可能还是逃不出考官的精心“设计”。

其实，这个游戏题目是一个“不可能完成”的任务，也就是说，除非你是超人否则绝不可能在规定的时间内做完三件事中的任何一件。因此，游戏并非是考察“办事效率”一类的敏捷测试，而是制造出空前棘手的问题借以考核面试者的评估能力与处事方式。

应试秘籍：如果你能够在接到任务后清醒地对时间作判断，就不难分析出这些事情如果在15分钟内同时完成会极端困难，因此人们往往选择各自认为最容易的事情着手。但非常不可取的方法是不管三七二十一就开始折腾，然后没过几分钟遇到阻力或者发现效率不高，就转头换做另一件事，然后维持不了多久又再次更换目标，这只能使你在考官心中变成一个没有头脑的白痴。

比较明智的做法是首先进行时间评估，如果发现难以完成全部任务，就应当以“尽可能多地做完”为目标，尽量选择诸如“手脑并用”之类可以同时完成两件事情的方法。你可以先阅读项目报告，然后一边穿珠子一边打腹稿，待珠子穿到腹稿成熟，就提笔写作。那么即使你在中途被终止游戏，也已经很清楚地向考官表明了两条重要信息：一是我有良好的辨别能力与高效的处事决策，二是我实际上已经“完成”了500字的评述，只是时间不够我将它们转化为文字。如此的镇定与智慧，一定能赢得代表优异的高分。

五、项目训练

(一) 大学生求职面试

目的:

(1) 以结业后找工作的“一次面试”为仿真场景，锻炼学生大胆发言、积极思考的能力;

(2) 培养学生的应变能力;

(3) 培养学生与人沟通的能力。

内容:

(1) 设计招聘职位并事先告知学生。

(2) 事先将某一教室布置为面试所需的场景。

(3) 面试内容主要围绕学生学过的管理知识来进行; 也可设计与职位或者个人相关的问题，比如“你个人以为你最大的优点是什么?”

(4) 学生5人一组，“考官”由这组学生轮流担任，其他学生是面试者。

(5) 学生轮流进入“考场”进行“面试”，每个“考官”根据每个“应试人员”各方面的表现，客观评分，最后进行综合。

要求:

(1) 考官和面试者都要将自己的角色扮演到位，如同一场真正的面试;

(2) 面试分数作为本门课程分数的一部分。

(二) 某单位组织结构与管理制度的建立

实训目标:

(1) 培养学生组织结构的初步设计能力;

(2) 培养学生制定制度规范的基本能力。

实训内容与要求:

(1) 设置某个单位（企业或学校）的组织机构。运用所学知识，根据所设定单位目标与发展需要，设置单位所需的组织机构，并画出组织结构框图。

(2) 建立单位的制度规范，包括单位专项管理制度、部门（岗位）责任制等。

成果与检测:

(1) 单位组织机构图;

(2) 单位的主要制度规范。

领导与沟通能力

管　理　能　力　基　础

项目十八　运用领导方式理论

项目十九　有效行使权力与指挥

项目二十　运用激励与激励理论

项目二十一　有效沟通

项目十八
运用领导方式理论

学习目标

知识目标

了解有关领导方式；掌握领导方式理论。

能力目标

识别不同的领导方式；运用领导方式理论有效行使权力。

思政目标

准确理解领导就是服务。

案例导入▷▷

看球赛引起的风波

东风机械厂发生了这样一件事。金工车间是该厂唯一进行两班倒的车间，在一个星期六晚上，车间主任去查岗，发现上晚班的年轻人几乎都不在岗位。了解情况后得知，他们都去看电视现场转播的足球比赛了。车间主任气坏了，在星期一的车间晨会上，他一口气点了十几个人的名。没想到他的话音刚落，人群中不约而同地站起几个被点名的青年，他们很不服气，异口同声地说："主任，你调查了没有，我们并没有影响生产任务，而且……"主任没等几个青年把话说完，严厉地警告说："我不管你们有什么理由，如果下次再发现谁脱岗去看电视，就扣发当月的奖金。"

谁知，就在宣布"禁令"的那个周末的晚上，车间主任去查岗时又发现，上晚班的10名青年中竟有6名不在岗。主任气得直跺脚，质问当班的班长是怎么回事，班长无可奈何地从工作服衣袋中掏出三张病假条和三张调休条，说："昨天都好好的，今天一上班都送来了。"班长瞅了瞅大口大口地吸烟的车间主任，然后朝围上来的工人挤了挤眼儿，凑到主任身边讨了根烟，边吸边劝道："主任，说真格的，其实我也是身在曹营心在汉，那球赛太精彩了，您只要灵活一下，看完了电视大家再补上时间，不是两全其美吗？据我了解，他们为了看电视，星期五就把活提前干完了，您也不……"车间主任没等班长把话说完，扔掉还燃着的半截香烟，一声不吭地向车间对面还亮着灯的厂长办公室走去。剩下在场的十几个人，你看看我，我看看你，都在议论着这回该有好戏看了。

思考与分析：如果你是这位车间主任，你会如何处理这件事？

知识学习 ▷▷

一、领导概述

(一) 领导的实质

1. 领导的定义

领导是指管理者指挥、带领和激励下属努力实现组织目标的行为。这个定义包含三方面内容:

(1) 领导是影响、作用下属的过程，有受其领导的下属人员;

(2) 领导行为包括指挥、带领和激励等活动，这些都是能够影响下属行为的活动;

(3) 领导的目的是有效实现组织目标。

2. 领导的实质

领导实质上是一种对他人的影响力，即管理者对下属及组织行为的影响力。领导的基础是下属的追随与服从。

3. 领导手段

领导手段包括：指挥、激励、沟通。此外，领导者经常进行各种协调工作；领导也是一种服务，即为下级出主意，进行指导，创造条件等。这些工作形式与上述三种领导手段有一定程度的交叉，所以，这里主要研究指挥、激励和沟通这三种基本领导手段。

(二) 人性假设

1. 人性假设与领导方式

人性假设：管理者在管理过程中对人的本质属性的基本看法。

领导方式：管理者实施领导行为所采取的各具特色的基本方式与风格。

2. 管理中人性假设理论的演进

“经济人”假设认为人的一切行为都是为了最大限度地满足自己的经济利益，应相应采取重视物质刺激，实行严格监督控制的管理方式。

“社会人”假设认为人有强烈的社会心理需要，职工的“士气”是提高生产率最重要的因素，应采取重视人际关系，鼓励职工参与的管理方式。

“自我实现人”假设认为人特别重视自身社会价值，以自我实现为最高价值，应采取鼓励贡献、自我控制的管理方式。

“复杂人”假设认为人的需要是多种多样的，其行为会因时、因地、因条件而异，应相应采取权变管理方式。

二、领导方式理论

(一) 三种典型的领导方式

1. 专断型领导方式

专断型领导方式指以权力服人、靠权力和强制命令让人服从的领导方式，它把权力定位于领导者个人手中。它的主要特点是：

(1) 独断专行，从不考虑别人的意见；

(2) 亲自设计工作计划，指定工作内容，进行人事安排，从不把任何消息告诉下属；

(3) 主要靠行政命令、纪律约束、训斥和处罚来管理；

(4) 很少参与团体活动，与下属保持心理距离，没有感情交流。

2. 民主型领导方式

民主型领导方式指以理服人、以身作则的领导方式，它把权力定位于群体（包括领导者和成员全体）。它的特点是：

(1) 决策在领导者的鼓励和协助下由群体讨论决定；

(2) 分配工作时考虑个人能力、兴趣，下属有较大的工作自由，有较多的选择性和灵活性；

(3) 主要以非正式的权力和权威，而不是靠职位权力和命令使人服从，谈话时多使用商量、建议和请求的口气；

(4) 积极参与团体活动，与下属无心理上的距离。

3. 放任型领导方式

放任型领导方式指工作事先无布置，事后无检查，权力定位于组织中的每一个成员，一切悉听差使，毫无规章制度的领导方式，是无政府管理方式。

一般而言，民主型领导方式效果最好，专断型领导方式次之，放任型领导方式效果最差。但是，上述结论不能绝对化，必须根据管理目标、任务，管理环境、条件，以及管理者自身因素灵活选择领导方式。最适合的领导方式才是最好的领导方式。

(二) 领导方式理论

1. 特性理论

特性理论是最古老的领导理论。特性理论关注领导者个人，并试图确定能够造就伟大管理者的共同特性。这实质上是对管理者素质进行的早期研究。

2. 行为理论

行为理论主要研究领导者应该做什么和怎样做才能使工作更有效。行为理论集中在两个方面：一是领导者关注的重点是什么，是工作的任务绩效，还是群体维系？二是领导者的决策方式，即下属的参与程度。

下面重点介绍管理方格理论。

管理方格理论是由布莱克和穆顿在 1964 年提出的。他们认为，领导者在对生产（工作）关心与对人关心之间存在着多种复杂的领导方式，因此，用二维坐标图来加以表示，如图 18-1 所示，以横坐标代表领导者对生产的关心，以纵坐标代表领导者对人的关心。在二维坐标图横纵坐标上各划分 9 个格来反映关心的程度。这样就形成了 81 种组合，代表各种各样的领导方式。

管理方格中有 5 种典型的领导方式，试简要分析如下。

(1) 1.1：放任式管理。领导者既不关心生产，也不关心人。

(2) 9.1：任务式管理。领导者高度关心生产任务，而不关心员工。这种方式有利于短期内生产任务的完成，但容易引起员工的反感，于长期管理不利。

(3) 1.9：俱乐部式管理。领导者不关心生产任务，而只关心人，热衷于融洽的人际关系。这不利于生产任务的完成。

(4) 9.9：团队式管理。领导者既关心生产，又关心人，是一种最理想的状态。但是，在现实中是很难做到的。

(5) 5.5：中间道路式管理。即领导者对生产的关心与对人的关心都处于一个中等的水平上。在现实中有相当一部分领导者属于这一类。

一个领导者较为理性的选择是：在不低于5.5的水平上，根据生产任务与环境等情况，在一定时期内，在关心生产与关心人之间做适当的调节，实现动态平衡，并努力向9.9靠拢。

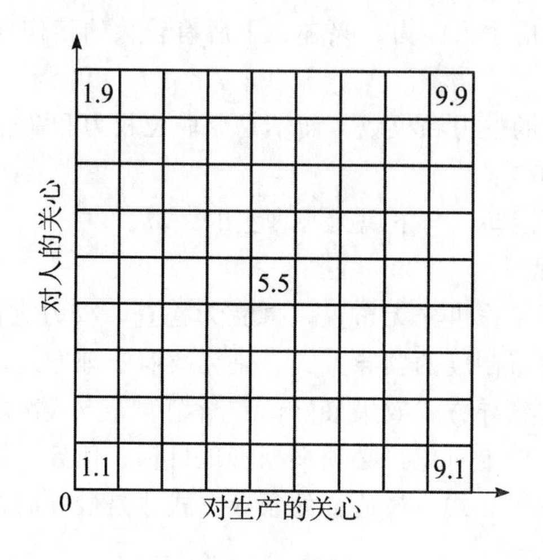

图 18-1 管理方格

3. 情景理论

情景理论认为不存在一种普遍适用、唯一正确的领导方式，只有结合具体情景，因时、因地、因事、因人制宜的领导方式，才是有效的领导方式。其基本观点可用下式反映：

有效领导＝F（领导者，被领导者，环境）

即有效领导是领导自身、被领导者与领导过程所处的环境的函数。

能力训练 ▷▷

一、复习思考

(1) 什么是领导？领导有哪些手段？

(2) 管理者就是领导者吗？为什么？

(3) 三种典型的领导方式是什么？简述情景理论的主要内容。

二、案例分析

有效的领导方式

谢严和李好都是上海某大学的后勤基层管理人员。谢严领导着学校一个9人的绿化小组。这个小组主要负责校园的花草树木的修剪工作。李好则是一个12人校宿舍管理所的负责人。

大家都认为，他们两人能与同事进行很好的合作，并有一定的管理能力。因此，在学校缩减后勤人员的情况下，他们不但没有被裁减，反而被提升为基层管理人员。

除在工作中表现出色外，李好还表现出一定的领导才能。宿管所是全校最安定、出勤率最正常的单位之一。宿管所的同事们一致推荐李好为负责人。问及李好，为什么她与职工的关系能这么好时，她说："我把我的同事当作朋友看待，我关心他们的疾苦，同时，我也使大家都了解我们要做什么。这样，大家就能共同努力。我还经常注意别人在工作中好的表现，在总结评价时进行表扬，大家也通过小结懂得了今后应更好地改进工作。除此之外，我注意在不同的情况下采用不同的管理方式。对于日常性的工作，我不会每天去讲怎么做，但有了新的工作内容，我会向大家讲一下相关要求、注意事项等，使大家知道如何去做。"

而谢严的情况则与李好很不一样。在他的小组里，职工的情绪低落，缺勤情况严重。根据记录，最近有几个组员表现很不好，对工作不负责任。当问起谢严这是怎么回事时，他回答说："我还不知道问题的症结在哪里。但是，我认为在工作时应该严肃地对待工人。我也尽量使大家能了解我对工作的计划和要求，对每一件工作，我都给他们讲清楚应该如何去做，而且我总是在身边监督。在发放奖金时，我也平均地发放，没有亏待任何一个人。"

问题：

(1) 试比较这两个人的领导方式有何不同。

(2) 哪一种领导方式理论可以对这两个管理者的领导方式和效果做出最好的解释？

(3) 你认为谢严应怎样才能成为一个较好的领导者？

三、技能测试

领导方式测试

专制型、民主型、放任型领导方式测试。请回答如下各题。

(1) 你喜欢经营咖啡馆、餐厅之类的生意吗？

A. 是　　　　B. 否

(2) 平时把决定或政策付诸实施之前，你认为有说明其理由的价值吗？

A. 是　　　　B. 否

(3) 在领导下属时，你认为与其一方面跟他们工作，一方面监督他们，不如从事计划、草拟细节等管理工作。

A. 是　　　　　　　　　　　　　　B. 否

(4) 在你管辖的部门有一位陌生人，你知道那是你的下属最近录用的人，你不介绍自己而先问他的姓名。

A. 是　　　　　　　　　　　　　　B. 否

(5) 当流行风气接近你的部门时，你会让下属追求。

A. 是　　　　　　　　　　　　　　B. 否

(6) 让下属工作之前，你一定把目标及方法提示给他们。

A. 是　　　　　　　　　　　　　　B. 否

(7) 与下属过分亲近会失去下属的尊敬，所以还是远离他们比较好，你认为对吗?

A. 是　　　　　　　　　　　　　　B. 否

(8) 郊游之日到了，你知道大部分人都希望星期三去，但是从多方面来判断，你认为还是星期四去比较好，你认为不要自己做主，还是让大家投票决定好了。

A. 是　　　　　　　　　　　　　　B. 否

(9) 当你想要你的部门做一件事时，即使是一件按铃召人即可的事，你一定要自己去以身作则，以便他们跟随你做。

A. 是　　　　　　　　　　　　　　B. 否

(10) 你认为要撤一个人的职并不困难?

A. 是　　　　　　　　　　　　　　B. 否

(11) 越能够亲近下属，越能够好好领导他们，你认为对吗?

A. 是　　　　　　　　　　　　　　B. 否

(12) 你花了不少时间拟定了解决某个问题的方案，然后交给一个下属，可是他一开始就找该方案的毛病，你对此并不生气，但是你因问题依然没解决而觉得坐立不安。

A. 是　　　　　　　　　　　　　　B. 否

(13) 严厉处罚犯规者是防止犯规的最佳方法，你赞成吗?

A. 是　　　　　　　　　　　　　　B. 否

(14) 假如你因某一情况的处理方式受到下属的质疑和批评，你认为与其宣布自己的意见是决定性的，不如说服下属请他们相信你。

A. 是　　　　　　　　　　　　　　B. 否

(15) 你是否让下属为了他们的私事而自由地与外界的人们交往?

A. 是　　　　　　　　　　　　　　B. 否

(16) 你认为你的每个下属都应对你忠诚吗?

A. 是　　　　　　　　　　　　　　B. 否

(17) 与其自己亲自解决问题，不如组织一个解决问题的委员会，是吗?

A. 是　　　　　　　　　　　　　　B. 否

(18) 不少专家认为在一个群体中发生不同意见的争论是正常的；也有人认为意见不同是群体的弱点，会影响团结。你赞成第一种看法吗?

A. 是　　　　　　　　　　　　　　B. 否

领导方式测试说明：

(1) 如果 (1)、(4)、(7)、(10)、(13)、(16) 题答“是”多，说明具有专制型倾向；

(2) 如果 (2)、(5)、(8)、(11)、(14)、(17) 题答"是"多，说明具有民主型倾向；

(3) 如果 (3)、(6)、(9)、(12)、(15)、(18) 题答"是"多，说明具有自由放任型倾向。

四、管理游戏

教练技术

时间： 30 分钟。

道具： 七巧板若干套。

游戏目的： 让主管学会指导下属。

游戏操作方法：

(1) 老师先教方法给教练，3～4 分钟。具体方法是定义目标，定义形状，定义多边形的每边。

(2) 然后看谁教得快，由小组教练教会，然后由小组抽签决定谁来代表小组进行比赛。

(3) 可增加 12 秒限时完成项目，正确地进行加分。

(4) 3 分钟练习，有谁摆不出来罚分。

教练技术的口诀是："说说看，做给他看，让他试试看，在旁边指导看看。"

项目十九

有效行使权力与指挥

学习目标

知识目标

了解权力形成与运用的机制与方法；掌握指挥的形式与要领。

能力目标

能识别不同的指挥形式；能有效地进行指挥。

思政目标

树立正确的行使权力观念。

案例导入 ▷▷

如何行使权力？

L先生是一家大型企业G公司的一个中层管理者，手下有8个员工。L先生工作勤恳，为人谦和，对每一个下属都想给予一些关怀和照顾，所以跟大家的关系还算不错。L先生还有一个特点：他对他的直接领导言听计从，领导安排什么，他马上向下属安排什么。一旦下属提出异议，他马上便说“领导说了，就这样执行。如果你照吩咐做了，出了差错领导不会怪你。如果你不照这样做，出了问题你得自己担着。”下属一听觉得也有道理，于是便开始认真执行。但渐渐地下属有了不明白的地方，也就不再问他，而是隔着他直接请示更高领导，因为大家知道跟他说了也没有用，他还得去请示领导。并且这段时间他还遇到了一件烦心事：他发现手下有个别人开始直接向他“顶牛”，公然不再听从他的指挥，他早就想把一些“害群之马”开掉，但苦于没有办法，他发现自己现在连这点权力都掌控不了了。并且他的“无能”渐渐被传播开来，以至于其他原本“听话”的下属也开始不拿他当回事了。

思考与分析：

(1) L先生为什么指挥不动下属了？

(2) 他应该如何行使权力？

知识学习 ▷▷

一、权力的形成

(一) 领导权力

通俗地讲，权力就是管理者在领导过程中所拥有的职权与威信。

领导的权力广义上来自两个方面：一是来自职位的权力，这是由管理者在组织中所处的地位赋予的，并由法律、制度明文规定，属正式权力。这种权力直接由职务决定其大小，以及拥有与丧失。二是来自管理者自身的个人权力，即威信。这种权力主要不是靠职位因素，而是靠管理者自身素质及行为赢得的。

为了防止混淆，以下将正式权力均称为职权，将个人权力均以威信代替，即分别从职权与威信的角度来研究领导权威。

职权与威信的区别：

- 职权是管理者因职位而拥有的支配力；
- 威信是应个人因素而形成的对下级的感召力。

(二) 权力的形成机制

1. 影响权力的因素

(1) 组织。组织的性质、领导者在组织中所占据的职位、组织授权的程度等。

(2) 管理者。除组织因素外，管理者自身的素质、风格及其领导行为也对权力产生很大的影响。

(3) 被管理者。被管理者的素质、个性，特别是对领导的认可与服从程度对管理者的权力也有很大的影响。

(4) 其他因素。例如，国家和组织的体制、机制，文化，宗教，历史等。

2. 对被管理者的追随与服从心理作分析

管理者权力的实现过程是一个组织与管理者作用于被管理者的过程。管理者任何形式的作用效果，即其影响力，最终都是通过被管理者受到作用后的心理反应决定的。正是这种反应的性质与程度决定了管理者影响力的大小，如图 19-1 所示。

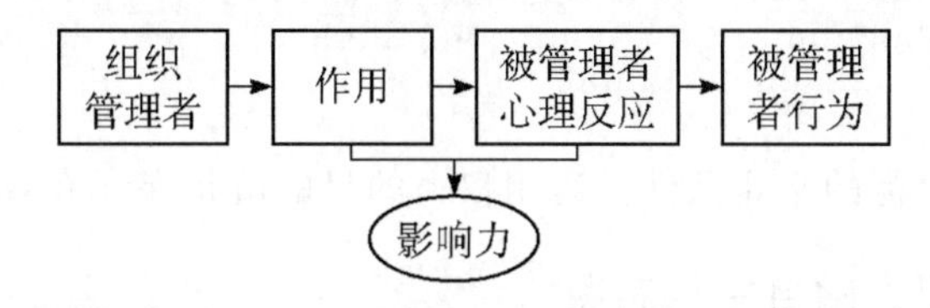

图 19-1 管理者的作用与被管理者的心理反应

3. 对管理者的权力构成作分析

一个管理者究竟有没有权力，有多大权力，主要从以下六种影响力（权力）进行分析。

(1) 法定权。法定权是指管理者由于占据职位，有了组织授权而拥有的影响力。被管理者会认为理所当然地要接受管理者的领导。

(2) 奖赏权。奖赏权是指管理者由于能够决定对下属的奖赏而具有的影响力。其下级为了获得奖赏而追随或服从领导。

(3) 强制权。强制权是指管理者由于能够决定对下属的惩罚而拥有的影响力。下级出于恐惧心理而服从领导。

(4) 专长权。专长权是指管理者由于自身具有业务专长而拥有的影响力。下级会出于对管理者的信任与佩服而服从领导。

(5) 表率权。表率权是指管理者率先垂范，由其表率作用而形成的影响力。下级会出于敬佩而追随与服从。

(6) 亲和权。亲和权是指管理者借助与部下的融洽与亲密关系而形成的影响力。下级愿意追随与服从和自己有密切关系的领导。

这六种影响力既是管理者权力的来源，又是管理者提高权威的途径。

4. 管理者的权力（含权威）形成机制模型

管理者的权力形成机制如图 19-2 所示。

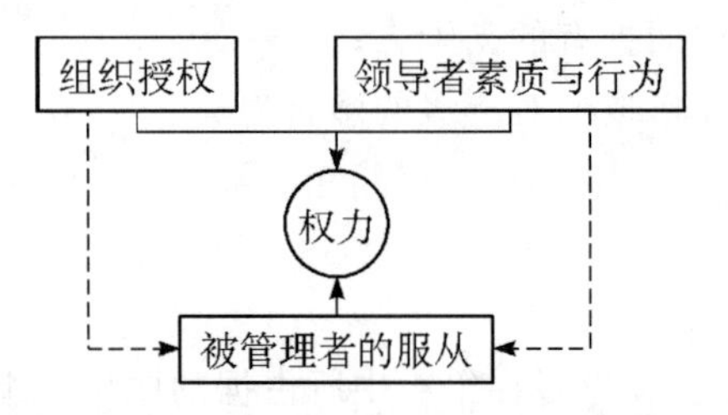

图 19-2　管理者的权力形成机制

(1) 由于管理者占据组织中的一定职位，或承担一定的任务，由其所在的组织授予其一定的人财物等资源的支配权与工作的决定权。这是管理者权力的基础与主体，是最主要的权力。

(2) 除上述组织性影响力外，管理者的权力也来自于管理者自身。

(3) 管理者的权力与权威是以被管理者的追随与服从为前提的。一个管理者，获得了组织的正式授权，其自身有很高的素质，并获得其下属对权力形成机制的认可、追随与服从，他就拥有权力与权威。

二、权力的运用

权力是实现组织目标的必要条件，运用权力的目的就是保证有效地实现组织目标。

(一) 正确处理权力的自主与制衡

为了保证管理者独立地运用权力，要建立必要的权力制衡体制。

在管理实践中，要通过合理的权力配置、清晰的权力界定、严密的制度体系来实现独立用权与权力制衡的有机结合。

（二）科学地使用权力

要坚持从实际出发，按客观规律办事；运用权力要同民主管理相结合，要同思想工作相结合，要同身教相结合；要正确地处理相关人员的职权关系。

（三）加大奖惩力度

要重视奖惩效应；要加大奖惩力度，放大奖惩效应。

三、有效指挥的艺术

指挥是通过手势、身体动作及面部表情，驾驭和控制别人的行为。它是管理者运用权威最基本的形式，也是管理者实施领导的首要和最基本的手段。

（一）影响有效指挥的因素

1. 权威

权威是指挥的基础，只有凭借权威，才能进行指挥，而且权威越大，指挥作用越明显。权威是指挥有效性的首要决定因素。

2. 指挥内容的科学性

有效的指挥，首先应是符合客观规律和实际情况的指挥。只有指挥内容科学、正确，才可以产生好的指挥效果。

3. 指挥形式的适宜性

指挥的有效性在相当程度上取决于指挥形式是否适当。如果采取的形式不恰当，内容正确的指挥也可能收不到好的效果。内容正确的指挥，还要靠科学、合理、恰当的形式来实施，才能收到好的效果。

4. 指挥对象

指挥要适应指挥对象的特点，这样才能为指挥对象所接受，从而使其按照要求自觉服从，达到指挥的目的。

5. 环境

指挥的实际效果还受诸如时机、场所、群体氛围、工作性质，以及其他主客观条件的影响。

（二）载体不同的指挥形式

管理者的指挥形式，按所采用的载体不同，可划分如下。

1. 口头指挥

口头指挥即管理者用口头语言的形式直接进行指挥。口头指挥是最经常、最基本的指挥形式。它具有直接、简明、快速、方便等特点。运用口头指挥形式，要注意掌握以下要领：

（1）内容表达要清晰、准确；

（2）用语简洁有力，详略得当；

(3)讲究语言艺术。

2. 书面指挥

书面指挥即采用书面文字形式进行指挥。

书面指挥的具体形式多种多样。以行政机关的文件形式最为规范，主要包括命令、指令、决定、决议、指示、布告、公告、通告、通知、通报、报告、请示、批复、函等。

提高书面指挥的有效性，应注意以下几点：

(1)加强针对性；

(2)增强规范性；

(3)提高写作质量。

3. 会议指挥

这是一种通过多人聚集，共同研究或即时布置工作的指挥形式。在实际领导工作中，会议是一种经常使用而又行之有效的形式。会议指挥具有快速下达、即时反馈等特点。

会议指挥主要应把握好以下要领：

(1)控制会议的议题与规模、次数；

(2)必须做好充分的会前准备；

(3)科学地掌握会议。

(三)强制程度不同的指挥形式

管理者的指挥行为一般都带有一定程度的强制性。但指挥又不是单纯的强制行为，总是需要辅以一定程度的说服、教育与思想工作，两方面需相互配合，不可偏废。

按强制程度不同，指挥形式主要可分为以下几种。

1. 命令与决定

运用好这种指挥形式，应注意以下几点：

(1)必须遵循客观规律，坚持从实际出发；

(2)要简明扼要，并有很强的可操作性；

(3)注意实施方式的艺术性和有效性。

2. 建议与说服

建议与说服具有引导、说理性质，不带或只有微弱的强制性。运用这种方式时应注意以下几点：

(1)要以平等的身份进行交流；

(2)管理者提出的见解、意见要有较高水平；

(3)加强信息反馈与控制。

3. 暗示与示范

这是一种完全不带强制性的指挥形式。暗示是指管理者通过各种语言、行为、政策及其他形式，对下级的行为进行某种隐含性的引导。示范则指管理者以自身的模范带头作用来影响、带动下级的行为。暗示与示范具有隐含性、间接性和自觉自愿性等特点。

运用好这种指挥形式，应注意以下几点：

(1)要有鲜明的目的性；

(2)选择预期行为的恰当方式；

(3) 要有其他形式的有机配合。

(四) 指示与规范

从管理者进行指挥所使用和适用范围上划分，管理者的指挥行为又可分为指示与规范。

(1) 指示：对某一管理问题做出的一次性指令或要求。

(2) 规范：用以解决某一类问题的原则、程序、办法。

能力训练 ▷▷

一、复习思考

(1) 什么是权力？影响权力的因素有哪些？

(2) 分析管理者权力构成。

(3) 指挥形式有哪些？

二、案例分析

X先生的"领导"方式

在T公司里，X先生在很多人的眼里是个出色的领导，因为当他的领导安排了什么工作给他时，他敢于再将这些任务分解给自己的下属，从而使下属也能够得到锻炼和成长。但X先生对下属要求十分严厉，并且是个急性子。这种性格使他在对下属交代过工作任务之后很难放心。于是他便不断地询问工作的进展情况，但又感觉直接向自己的下属询问进度有时他所获信息不够准确，于是便直接追问自己下属的下属。追问完工作进度之后他当然不能扭头就走，他还要像很多领导一样再即兴对大家的工作进行一些具体的指导。于是大家便在两位领导的指示中甄选出更高领导的意见作为工作方针（说是甄选，其实就是"向上看齐"或者"就高不就低"）。X先生的下属就这样被渐渐地"晾"在了一边。

问题： X先生的领导方式恰当吗？为什么？

三、技能测试

测试你的领导特质和管理特质

请阅读下列各个句子，若（a）句最能形容你，请在（a）句打［√］；若（b）句对你来说最不正确，请在（b）句打［√］。请务必仔细阅读作答，以便测试结果更准确。

(1) (a) 你是个大多数人都会向你求助的人。

　　(b) 你很激进，很注意自己的利益。

(2) (a) 你很能干，且比大多数人更能激发他人。

(b) 你会努力去争取一项职位，这项职位可以使你管理大多数人和所有财务，可以使你掌握更大的职权。

(3) (a) 你会试着努力去影响所有事件的结果。

(b) 你会急着扫除所有达成目标的障碍。

(4) (a) 很少有人像你那么有自信。

(b) 你想取得你想要的任何东西时，你不会有疑惧。

(5) (a) 你有能力激发他人跟随你做事。

(b) 你喜欢有人依你的命令行动；若必要，你不反对使用威胁的手段。

(6) (a) 你会尽力去影响所有事件的结果。

(b) 你会做全部重要的决策，并期望别人去实现它。

(7) (a) 你有吸引人的特殊魅力。

(b) 你喜欢处理必须面对的各种情况。

(8) (a) 你喜欢面对公司的管理人咨询复杂问题。

(b) 你喜欢计划、指挥和控制一个部门的人员，以确保最佳的福利。

(9) (a) 你会向企业群体和公司咨询，以改进效率。

(b) 你对他人的生活和财务，会作决策。

(10) (a) 你会干涉官僚的推、拖、拉作风，并施压以改善其绩效。

(b) 你会在金钱和福利重于人情利益的地方工作。

(11) (a) 每天在太阳升起前，你就开始了一天的工作，一直到夜晚6点整。

(b) 为了达成所建立的目标，你会定期而权宜地解雇无生产力的员工。

(12) (a) 你会对他人的工作绩效负责，也就是说，你会判断他们的绩效，而不是你们的绩效。

(b) 为求成功，你有废寝忘食的习性。

(13) (a) 你是一位真正自我开创的人，对所做的每件事充满着热忱。

(b) 无论做什么，你都会做得比别人好。

(14) (a) 无论做什么，你都会努力做到最好、最高和第一。

(b) 你具有驱动力、积极的性格和奋斗的精神，能坚定地追求有价值的任何事情。

(15) (a) 你总是参与各项竞争活动（包括运动），并因有突出的表现而获得多项奖牌。

(b) 对你来说，赢取和成功比参与的享受更重要。

(16) (a) 假如你能及时有所收获，你会更加坚持。

(b) 你对所从事的事务，会很快就厌倦。

(17) (a) 本质上，你都依内在驱动力而行事，并以实现从未做过的事为使然。

(b) 作为一个自我要求很高的完美主义者，你常强迫自己有限地去实现理想。

(18) (a) 你实际上的目标感和方向感远大于自己的设想。

(b) 追求工作上的成功，对你来说是最重要的。

(19) (a) 你喜欢需要努力和快速决策的职位。

(b) 你会坚守利润、成长和扩展概念。

(20) (a) 在工作上，你比较喜欢独立和自由，远甚于高薪和职位安全。

(b) 你会安于控制、权威和强烈影响的职位。

(21) (a) 你坚信凡是对自身本分内的事，最能冒险的人，赢得金钱上的最大报偿。

(b) 有少数人判断你应比你本身更有自信些。

(22) (a) 你被公认为是有勇气的、生气蓬勃的乐观主义者。

(b) 作为一个有志向的人，你能很快地把握住机会。

(23) (a) 你善于赞美他人，若是碰上合宜的人，你会加以信赖。

(b) 你喜欢他人，但对他们以正确的方法行事之能力很少有信心。

(24) (a) 你通常宁可给人不明确的利益，也不愿与他人公开争辩。

(b) 当你面对着“说出那像什么”时，你的作风是不直率的。

(25) (a) 假如他人偏离正道，由于你是正直的，故你仍会无情地纠正他。

(b) 你是在强调适者生存的环境中长大的，故常自我设限。

评分标准：计算一下你勾选（a）的数目，然后乘以 4 除以 100，就是你领导特质的百分比。同样地，由勾选（b）所得的分数，可计算出你管理特质的百分比。

领导人（a 的总数）×4%＝　　　管理者（b 的总数）×4%＝

四、管理游戏

扑克分组

企业的成功运作往往是发现最优绩效组合的过程，能否在纷繁复杂的内部运营中理清思路，发现个人及各个部门相互配合的最佳方案，往往关系到一个企业的成败。

目标：培养在乱局中出头的主动性与矛盾本质的洞悉力，两利相权取其重，两害相权取其轻；实现组织内部的信息共享，培养个人的团队精神及顾全大局的精神。

时间：30～40 分钟。(视探讨的深度需要而定)

对象：最宜在 24～36 人范围内的管理类培训课程开始时使用。

教具：对开白纸 1 张（事先就固定在白板或教室墙上），双面胶 1 卷（事先就裁成 40 cm 左右，每组一条，由上而下间隔地粘贴在白纸上），普通扑克 1 副（抽去大小“司令”，一共为 52 张），红色白板笔 1 支。

过程：

(1) 摸牌组牌

在 3 分钟之内，每人将自己摸到的一张牌与另外的 4 张（或 5 张或 6 张）牌组合成一副牌组（这就是你们未来的学习团队了），要力争最快地组成优胜牌组。

① 凡是按照同花顺子、同花、杂花顺子方式组合的，依次为第 1，2，3 优牌组。

② 由若干对子组成的杂花牌组中，对子数少者（如一组 5 张的牌中“3＋2”相比“2＋2＋1”；6 张的牌中“3＋3”相比“2＋2＋2”）为第 4 优牌组。

③ 如果出现含“炸弹”的牌组，则“化腐朽为神奇”，一跃成为所有牌组中最优的。

④ 某一组合类型中如出现两个以上同类牌组，则先组合成功（先上交）者为本类组合之优。

⑤ 各牌组中若出现了一副没有一条符合上述标准的最差的牌组，则表明整个牌局的

失败。

(2) 分发扑克牌（可请助手帮助）

每人自取一张，未得到“开始”指令时，不许看牌。

(3) 宣布“开始”

密切观察参与者的表现，催促大家及时将组合好的牌组交来，分别放好。

(4) 公布成绩

收齐各副牌后，依照牌被交来的时间先后，依次将各牌组中的每张牌有规律地粘贴在一条双面胶上，按照规则评出各牌组的位次，将其标注在各牌组旁。可以向最优牌组颁发小奖品。若出现最差牌组，则宣布本次组合失败。

讨论：

(1) 单个的牌有没有最好和最差的区分？

(2) 怎样才能实现组合的最优化？

点评：

在整个游戏的操作过程中，使人感觉最深的是单个的牌，无论是最好的牌还是最差的牌，只有在组合后，才能实现其价值，才能发现是优胜牌组还是最差牌组。

首先，个人的价值是无法单个地显现出来的，只有在群体中，个人的价值才可能得到证实或者显现。比如，孤立的一张“K”或者一张“3”，是无所谓谁大谁小的，只有在组合后其价值才能得到最大实现，组成优胜牌组或者最差牌组。

其次，在组合牌组时，也有可能出现这样的问题，比如有无可能适当地调动若干张牌，以消灭最差的牌组，或提升优胜位次较低的牌组，从而使整个大牌局改观。这时要注意尽量保留最优牌组或保留住其核心价值（如保留“炸弹”），且调动最少。需要注意的是，这一环节要尽量地避免冷落大部分学员。

五、项目训练

校园宿舍应急模拟指挥

实训目标：

(1) 培养现场指挥的能力；

(2) 培养应变能力。

实训内容与形式：

(1) 设定一个应急指挥情景，由学生即时进行决策或指挥。

(2) 可设置如下应急指挥情景：晚上11点30分，男生宿舍三楼301卫生间上水管突然爆裂。此时楼门和校门已经关闭（水闸门手轮锈住），人们都沉睡在梦中，只有邻近的几个宿舍的学生被惊醒。水不断地从卫生间顺着走廊涌出，情况非常紧急。假如你身处其中，你会如何利用你的指挥能力化险为夷。

(3) 先以小组为单位进行分组讨论，然后各小组分别制订应急方案。

(4) 组织全班同学对各小组的应急方案进行分析。

项目二十

运用激励与激励理论

学习目标

知识目标

掌握几种主要的激励理论（激励层次理论、双因素理论、期望理论、公平理论）。

能力目标

识别不同的激励方式；运用激励理论对员工进行有效激励。

思政目标

学会正确处理物质激励与精神激励的关系。

案例导入 ▷▷

龙芯公司的激励制度

龙芯公司地处北京中关村地区，是龙强博士在2002年创建的。2011年公司每年的销售额达1.2亿元人民币，2020年达到5亿元人民币。

面对外界激烈的竞争环境，龙强在充分发挥自己管理天赋的基础上创造了一套有效而独特的激励方法，人们一直认为该公司的管理是极为成功的。

他为职工创造了极为良好的工作环境。公司总部设有网球场、游泳池，还有供职工休息的花园和宁静的散步小道。他规定每周五下午免费为职工提供咖啡，公司还定期举办酒会、宴会及各种体育比赛活动。除此之外，他还允许员工自由地选择机动灵活的工作时间。

他注意用经济手段来激励员工。例如，他每年都会拿出一部分公司股份用于奖励优秀员工，这极大地激发了员工为公司努力工作的热情。

龙强还特别注重强化员工的参与管理意识。他要求每个员工都要为公司的长远发展提出自己的设想，以加强对公司的了解，进而提高他们对公司的责任心和感情，自觉地关心公司的利益。

龙强本人又是一个极为随和、喜欢以非正式身份进行工作的有才能的管理者。由于他在公司内对管理人员、技术人员和其他员工都能平等地采取上述一系列措施，公司的绝大多数人员极为赞同他的做法。公司员工都把自己的成长与公司的发展联系起来，并为此感到满意和自豪。

当然，龙强深知，要长期维持住这样一批忠实工作的员工确实不是件容易的事。在公司的快速发展期结束后，公司的增长速度自然会放慢，也会出现一个更为正式而庞大的管理机构。在这种情况下，该如何更有效地激励员工呢？这自然是人们所关心的问题。

思考与分析：

(1) 龙芯公司采取了哪些激励措施？

(2) 你已经了解了哪些激励理论？并说明其主要内容。

知识学习 ▷▷

一、激励机制

1. 激励的含义

激励是指管理者运用各种管理手段，刺激被管理者的需要，激发其动机，使其朝向所期望的目标前进的心理过程。

2. 激励在管理中的作用

激励的核心作用是调动人的积极性。

3. 激励的特点

激励最显著的特点是内在驱动性和自觉自愿性。

4. 激励的要素

(1) 动机

动机是推动人从事某种行为的心理动力。激励的核心要素就是动机，关键环节就是动机的激发。

(2) 需要

需要是激励的起点与基础。人的需要是人们积极性的源泉和实质，而动机则是需要的表现形式。

(3) 外部刺激

外部刺激是激励的条件，是指在激励的过程中，人们所处的外部环境中各种影响需要的条件与因素，主要指各种管理手段及相应形成的管理环境。

(4) 行为

被管理者采取有利于组织目标实现的行为，是激励的目的。

5. 激励的过程模式

(1) 激励的实质过程

激励的实质过程是，在外界刺激变量（各种管理手段与环境因素）的作用下，使内在变量（需要、动机）产生持续不断的兴奋，从而引起被管理者积极的行为反应（实现目标的努力）。

(2) 激励的过程模式（如图 20-1 所示）

二、激励理论

激励理论主要研究人动机激发的因素、机制与途径等问题。大致可划分为三类：一是

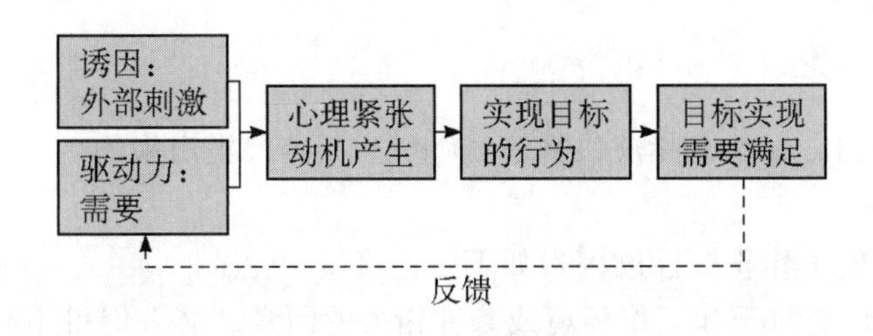

图 20-1 激励的过程模式

内容型激励理论；二是过程型激励理论；三是行为改造型激励理论。这里主要介绍内容型激励理论，包括需求层次理论、双因素理论、期望理论、公平理论。

（一）需求层次理论

如图 20-2 所示人类基本需求层次理论是由美国心理学家亚伯拉罕·马斯洛于 1943 年提出来的。

1. 基本内容

人类的基本需求层次如图 20-2 所示，从低到高依次为生理需求→安全需求→社交需求→尊重需求→自我实现需求。

（1）生理需求。指维持人类自身生命的基本需求。

（2）安全需求。指人们希望避免人身危险和不受丧失职业、财物等威胁方面的需求。

（3）社交需求。希望与别人交往，避免孤独，与同事和睦相处、关系融洽的需求。

（4）尊重的需求。人们追求受到尊重，包括自尊与受人尊重两个方面。

（5）自我实现的需求。这是一种最高层次的需求。它是指人能最大限度地发挥潜能，实现自我理想和抱负的需求。这种需求突出表现为工作胜任感、成就感和对理想的不断追求。这一层次的需求是无止境的。

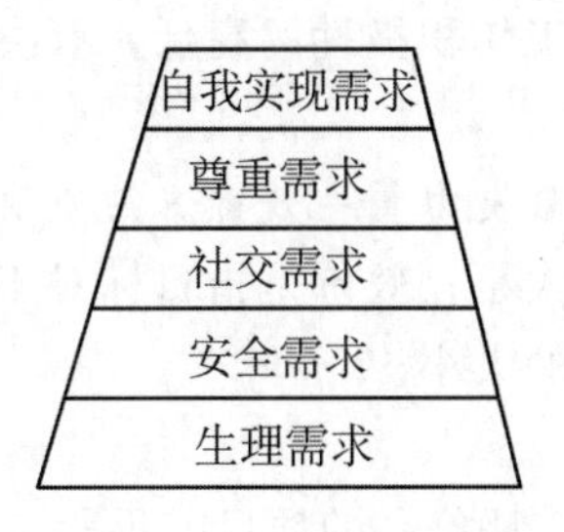

图 20-2 人类的基本需求层次

2. 主要特点

（1）只有低一层次的需求得到基本满足后，较高层次的需求才能发挥对人行为的推动作用（低层次需求并未消失）；

（2）人的行为主要受优势需要所驱使。

3. 对管理实践的启示

（1）正确认识被管理者需求的多层次性。

（2）找出受时代、环境及个人条件差异影响的优势需要，有针对性地进行激励。

（二）双因素理论

双因素论是美国心理学家赫茨伯格于20世纪50年代提出来的。

1. 基本内容

两大类影响人的工作积极性的因素如下。

（1）保健因素。这属于和工作环境或条件相关的因素。当人们得不到这些方面的满足时，人们会产生不满，从而影响工作；但当人们得到这些方面满足时，只是消除了不满，却不会调动人们的工作积极性。

（2）激励因素。这属于和工作本身相关的因素，包括工作成就感、工作挑战性、工作中得到的认可与赞美、工作的发展前景、个人成才与晋升的机会等。当人们得到这些方面的满足时，会对工作产生浓厚的兴趣，产生很大的工作积极性。

2. 对管理实践的启示

（1）善于区分管理实践中存在的两类因素。

（2）管理者应动用各种手段。例如，调整工作的分工、宣传工作的意义、增加工作的挑战性、使工作内容丰富化等来增加员工对工作的兴趣，千方百计地使员工满意自己的工作。

（3）在不同国家、不同地区、不同时期、不同阶层、不同组织，乃至每个人，最敏感的激励因素是各不相同的，应灵活地加以确定。

（三）期望理论

美国心理学家弗鲁姆于1964年系统地提出了期望理论。这一理论通过人们的努力行为与预期奖酬之间的因果关系来研究激励的过程。

1. 基本内容

这种理论认为，人们对某项工作积极性的高低，取决于他对这种工作能满足自己需要的程度及实现可能性大小的评价。

$$激发力量=效价\times期望值$$

其中，激发力量是指激励作用的大小；效价是指目标对于满足个人需要的价值；期望值是指采取某种行动实现目标可能性的大小。

2. 对管理实践的启示

（1）一定要选择员工感兴趣、评价高的项目或手段。

（2）凡是起广泛激励作用的工作项目，都应是大多数人经过努力能实现的。

（四）公平理论

公平理论是美国心理学家亚当斯于1965年提出来的。

1. 基本内容

公平理论认为，人的工作积极性不仅受其所得的绝对报酬的影响，更重要的是受其相对报酬的影响。这种相对报酬是指个人付出劳动与所得到的报酬的比较值。包括两种：

（1）横比，即在同一时间内以自己的报酬同其他人的报酬相比较；

（2）纵比，即拿自己不同时期的付出与报酬相比较。

横比又称为社会比较，纵比又称为历史比较。

当获得公平感受时，心情舒畅，努力工作；当得到不公平感受时，就会出现心理上的紧张、不安，从而采取行动消除或减轻这种心理状态。具体行为如下：试图改变其所得报酬或付出；有意无意地曲解自己或他人的报酬或付出；竭力改变他人的报酬等。

2. 对管理实践的启示

(1) 必须将相对报酬作为有效激励的方式。

(2) 尽可能实现相对报酬的公平性。

能力训练 ▷▷

一、复习思考

(1) 什么是激励？简述激励的构成要素。

(2) 结合实际谈谈在管理中激励的重要性。

(3) 阐述需求层次理论、双因素理论的基本内容。

二、案例分析

李明的困惑

李明已经在智宏软件开发公司工作了6年。在这期间，他工作勤恳负责，技术能力强，多次受到公司的表扬，领导很赏识他，并赋予他更多的工作和责任，几年中他从普通的程序员晋升到了资深的系统分析员。虽然他的工资不是很高，住房也不宽敞，但他对自己所在的公司还是比较满意的，并经常被工作中的创造性要求所激励。公司经理经常在外来的客人面前赞扬他："李明是我们公司的技术骨干，是一个具有创新能力的人才……"

去年7月份，公司有申报职称指标，李明属于有条件申报之列，但名额却给了一个学历比他低、工作业绩平平的老同志。他想问一下领导，谁知领导却先来找他："李明，你年轻，机会有的是。"

最近李明在和同事们的聊天中了解到他所在的部门新聘用了一位刚从大学毕业的程序分析员，但工资仅比他少200元。尽管李明平时是个不太计较的人，但对此还是感到迷惑不解，甚至很生气，他觉得这里可能有什么问题。

在这之后的一天下午，李明找到了人力资源部宫主任，问他此事是不是真的？宫主任说："李明，我们现在非常需要增加一名程序分析员，而程序分析员在人才市场上很紧俏，为使公司能吸引合格人才，我们不得不提供较高的起薪。为了公司的整体利益，请你理解。"李明问能否相应提高他的工资。宫主任回答："你的工作表现很好，领导很赏识你，我相信到时会给你提薪的。"李明向宫主任说了声"知道了"便离开了他的办公室，开始为自己在公司的前途感到忧虑。

问题：

(1) 用双因素理论解释李明的忧虑、困惑。

(2) 谈一谈企业应如何做才能更好地、有效地激励员工。

三、技能测试

你是个有领导能力的人吗？

(1) 别人拜托你帮忙，你很少拒绝吗？

A. 是　　B. 否

(2) 为了避免与人发生争执，即使你是对的，你也不愿发表意见吗？

A. 是　　B. 否

(3) 你遵守一般的法规吗？

A. 是　　B. 否

(4) 你经常向别人说抱歉吗？

A. 是　　B. 否

(5) 如果有人笑你身上的衣服，你会继续穿它吗？

A. 是　　B. 否

(6) 你永远走在时髦的前列吗？

A. 是　　B. 否

(7) 你曾经穿那种好看却不舒服的衣服吗？

A. 是　　B. 否

(8) 开车或坐车时，你曾经咒骂别的驾驶者吗？

A. 是　　B. 否

(9) 你对反应较慢的人没有耐心吗？

A. 是　　B. 否

(10) 你经常对人发誓吗？

A. 是　　B. 否

(11) 你经常让对方觉得不如你或比你差劲吗？

A. 是　　B. 否

(12) 你曾经大力批评电视上的言论吗？

A. 是　　B. 否

(13) 如果单位请的工人没有做好工作，你会向上级领导反映吗？

A. 是　　B. 否

(14) 你惯于坦白自己的想法，而不考虑后果吗？

A. 是　　B. 否

(15) 你是个不能忍受别人的人吗？

A. 是　　B. 否

(16) 与人争论时，你总爱争赢吗？

A. 是　　B. 否

(17) 你总是让别人替你做重要的事吗？

A. 是　　　　　　　　　　　　　　B. 否

(18) 你喜欢将钱投资在财富上，胜过于投资在个人成长上吗？

A. 是　　　　　　　　　　　　　　B. 否

(19) 你故意在穿着上吸引他人的注意吗？

A. 是　　　　　　　　　　　　　　B. 否

(20) 你不喜欢标新立异吗？

A. 是　　　　　　　　　　　　　　B. 否

测试说明：

选 A 得 1 分，选 B 不得分，最后将分数总计。

总分为 14～20 分：你是个标准的跟随者，不适合领导别人。你喜欢被动地听人指挥。在紧急的情况下，你多半不会主动出头带领群众，但你很愿意跟大家配合。

总分为 7～13 分：你是个介于领导者和跟随者之间的人。你可以随时带头或指挥别人该怎么做。不过，因为你的个性不够积极，冲劲不足，所以常常扮演跟随者的角色。

总分为 6 分以下：你是个天生的领导者。你的个性很强，不愿接受别人的指挥。你喜欢使唤别人，如果别人不愿听从，你就会变得很叛逆，不肯轻易服从别人。

四、管理游戏

穿网球鞋的外星人

目的：这是一个生动、有趣的游戏，参与者在游戏中口头教一位“外星人”穿短袜和网球鞋且不允许进行示范。本游戏的目的是教会参与者清晰地发出指挥的命令。

时间：15～20 分钟。

需要的材料：一双短袜；一双球鞋（教师的尺码），其中一只网球鞋没系上鞋带；向学生分发的材料（或幻灯片），各材料人手一份。

步骤：

(1) 教师扮演外星人，走进教室，一只脚穿着袜子和系了鞋带的鞋，另一只脚光着。将材料分发给大家（或放映幻灯片），然后坐下，将短袜、鞋带和网球鞋放在参与游戏的学生面前，等大家给参与游戏的学生指导。

(2) 教师的任务是帮助参与游戏的学生认识到，他们做出的指令必须意思清晰。教师不说话，完全按照他们的指令去做。如果一个参与游戏的学生说“将短袜放在脚上”，教师就捡起短袜放在脚上。如果参与游戏的学生说“捡起鞋带”，教师就从中间捡起鞋带，而不是从两头。如果参与游戏的学生说：“将鞋带穿进鞋上的孔”，教师就将鞋带的头部穿进任意一个孔，而不一定是第一个孔，或者是将鞋带整个塞进孔里。

(3) 如果几个参与游戏的学生同时对教师进行指导，或某个参与游戏的学生变得过于情绪化，失落或骂人，教师可以停下来，装傻。

(4) 限时 10 分钟，停止游戏，提出问题。如果时间允许，继续这个游戏，参与游戏的学生在进行第二轮指导时就会好多了。

讨论：（要求现场回答）

（1）你从指导他人中学会了什么？

（2）在这个游戏中，你会看到外星人有时听从你的指导，有时不听从你的指导。客户好比这个外星人，那么你怎么让客户理解你的指导并加以实施呢？

（3）你怎样才能更好地指导你的客户呢？

向学生分发的材料：

穿网球鞋的外星人

刚刚发这份材料给你的“人”是到达地球的外星人，这个外星人双脚穿鞋和袜子，然而出于好奇，这个外星人脱下了一只鞋和袜子，现在他不知道怎么穿回去了。

作为一个热心的地球人你来教他穿好鞋带，然后将袜子和穿上鞋带的鞋穿回脚上。你的任务是进行清晰的指导（抵达地球之前，外星人接受过汉语速成班，但是根本不会说）。

外星人没有能力模仿你，所以你穿自己的鞋和袜子，对他们没有任何的帮助，还有在进化的过程中，外星人形成了只能一次听一个人说话的特点。请和其他参与者相互配合，轮流进行指导。

对了，再提醒一点：不要碰这个外星人，如果你碰了他，没有人会确定将会发生什么，上次碰了这个外星人的人当时就被蒸发掉了。

项目二十一
有效沟通

学习目标

知识目标

掌握沟通的方法与艺术。

能力目标

识别不同的沟通方法；与人进行有效沟通。

思政目标

培养沟通主体的正确价值观和沟通时的正能量。

案例导入 ▷▷

陈经理的沟通障碍

LB集团公司东北分公司最近从华南分公司调来一位广东籍的经理陈强。陈强在广东一带是很有名气的经理人。他讲话从来不用讲稿，经常即兴发言，广东话风趣幽默，常常博得满堂喝彩。但他讲不好普通话。到东北分公司就任后，他召开全体员工大会阐述经营理念和战略，与下属积极沟通，很多人都听不懂他广东口音很重的普通话。刚开始时，下属很愿意找他汇报工作，但他经常打断下属的汇报，并提出评价意见，员工渐渐地不愿意向他汇报工作了。同时，陈经理还发现自己在大会上的即席讲话也没有得到员工们的响应，不能引起共鸣。

思考与分析：从进行有效沟通的角度帮助陈经理分析沟通障碍的原因并提出相应的对策。

知识学习 ▷▷

一、沟通的基本模式

（一）沟通的含义与类型

1. 沟通的含义

为达到一定目的，将信息、思想和情感在个人或群体间进行传递与交流的过程。

2. 沟通的类型

(1) 按流向分：上行沟通、下行沟通、平行沟通、斜向沟通。

(2) 按途径分：正式沟通与非正式沟通。

(3) 按传递媒介分：口头沟通、书面沟通与非语言沟通。

(4) 按传递范围分：组织内部沟通与组织外部沟通。

(二) 管理沟通的基本要素

(1) 沟通主体：指有目的地对沟通客体施加影响的个人和团体。

(2) 沟通客体：即沟通对象，包括个体沟通对象和团体沟通对象。

(3) 沟通介体：即沟通主体用以影响、作用于沟通客体的中介，包括沟通内容和方法。

(4) 沟通环境：既包括与个体间接联系的社会整体环境（政治制度、经济制度、政治观点、道德风尚、群体结构），又包括与个体直接联系的区域环境（学习、工作、单位或家庭等），对个体直接施加影响的社会情境及小型的人际群落。

(5) 沟通渠道：即沟通介体从沟通主体传达给沟通客体的途径。

(三) 管理沟通模型

管理沟通模型如图 21-1 所示。

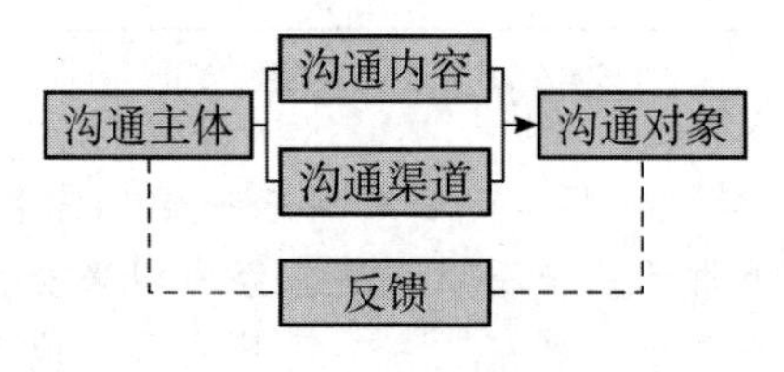

图 21-1　管理沟通模型

二、沟通障碍与有效沟通

(一) 管理沟通的障碍

(1) 物理方面的沟通障碍：例如，传递的空间距离、传递中的噪声与干扰、沟通媒体的运行故障等。

(2) 管理方面的沟通障碍：例如，一位专制型的、高高在上的管理者很难与下级进行很好的沟通。

(3) 心理方面的沟通障碍：例如，一位对管理者心存偏见的下级很难接受管理者的正常沟通信息。

(4) 语言方面的沟通障碍：语言是管理沟通中最基本的手段。语言表达不准确或接收者的理解不同常会导致信息失真。

(二) 有效沟通的原则

(1) 明确沟通的目标；

(2) 具备科学的思维;
(3) 管制信息流;
(4) 选择恰当的沟通渠道与方式方法;
(5) 讲究语言艺术;
(6) 了解沟通对象。

三、沟通技巧

(一) 信息沟通

1. 沟通主体方面

沟通主体包括清晰度与有可信度。影响可信度的因素有:
(1) 沟通主体的专业权威性;
(2) 对该事物的熟悉程度;
(3) 提供信息的动机;
(4) 与沟通对象的关系。

2. 沟通对象方面

沟通时需要对沟通对象做如下几个方面的分析:
(1) 沟通对象对信息的需求程度;
(2) 沟通对象接收信息所能获得的利益;
(3) 沟通对象的价值观、知识水平、思维特点。

3. 沟通渠道方面

沟通渠道包括:沟通的方式、途径、时间、地点、手段等。

(二) 情感沟通

1. 研究并尽可能满足沟通对象的社会心理需要

要与沟通对象进行有效的情感沟通,最首要的是要了解对方的社会心理需要,并尽可能加以满足。人们之间产生感情,建立融洽的关系,除一些利害关系外,最主要的是由人们能彼此满足社会心理需要的程度所决定的。

2. 真诚、热情、助人为乐

沟通技巧固然重要,但在根本上必须做到以诚相待,这是情感沟通的思想基础。

3. 运用心理规律,促进情感融通

从社会心理学角度看,人们之间的情感,在本质上是受喜欢与吸引的心理规律支配的。

(三) 沟通的语言艺术

1. 语言表达的种类及特点

(1) 表达形式:听、说、读、写和体态语言。

(2) 口头语言语与书面语言的区别：准备和延续时间不同，可修改性不同，规范精炼程度不同，反馈及时性不同。

2. 倾听的技巧

(1) 倾听是多重沟通的过程，要注重多重沟通；

(2) 要以真诚的态度倾听；

(3) 要有必要的回应；

(4) 要采用恰当的倾听方式。

3. 说的技巧

(1) 要有足够的信息量；

(2) 要选择对方擅长或感兴趣的话题谈；

(3) 要尊重与赞美；

(4) 要回避忌讳的话题；

(5) 语言要准确、简明；

(6) 运用体态语言；

(7) 运用幽默。

能力训练 ▷▷

一、复习思考

(1) 什么是沟通？沟通如何分类？

(2) 有效沟通的原则有哪些？

(3) 假如你是一个领导，你会采用哪些沟通方式或沟通类型与你的下属进行沟通？

二、案例分析

两种沟通的比较

下面是家长与幼儿园教师沟通的两个案例。

[案例一]

家长：老师，我可以进来和您谈谈吗？

老师：欢迎！请坐到这儿吧。(微笑着用手势示意家长坐下)

家长：你们老师真是辛苦，每天要带那么多孩子，真是不简单啊！

老师：(一边给家长倒茶) 是呀。孩子小，自控能力差，而家长的期望值又那么高，我们的压力真是不小！

家长：(接过茶杯) 谢谢！是啊，现在的孩子都是独生子女，每个家庭都对孩子宠爱有加。

老师：是的。独生子女存在的问题确实比较多，孩子生活自理能力差，各种习惯也差。家长一边宠爱孩子，一边又对孩子寄予高期望。哎，可怜天下父母心哪！（摇头，很无奈的样子）哦，我忘了，你是不是有什么话要对我讲？（笑）

家长：（微笑着）是的。我家馨馨最近对跳舞的兴趣特别浓厚，每天嚷着要跳舞给我和她爸爸看，她爸爸看她这么感兴趣就特地给她买了一面大镜子，她对着镜子跳舞可开心了。

老师：哦？可是，在幼儿园我问她是不是不想跳舞，她告诉我说“是”。

家长：会不会馨馨在幼儿园跳舞跟不上同伴，不够自信？

老师：说实在的，馨馨对舞蹈的感受力和表现力确实一般。考虑到她最近腿脚不方便，我就让她坐在旁边看。

家长：谢谢您为馨馨想得那么多。我和她爸爸看她在家里那么喜欢跳舞，实在不忍心让她只看着小朋友跳舞了。我们猜想她内心还是喜欢跳舞的，您说是不是？

老师：看来是的。

家长：我想，馨馨可能因为腿不好怕在老师和同伴面前丢脸才说不想跳舞的，她说的可能并不是心里话。

老师：可能是吧。馨馨在幼儿园表现欲得不到满足，就想在家里得到满足，有这种“补偿”心理是很正常的。是我太大意了，我应该考虑到这一点的。对不起，馨馨妈妈，从明天起我就让馨馨“归队”。

家长：（起身）谢谢了！再见！

[案例二]

家长：老师，我可以进来和你谈谈吗？

老师：欢迎！请坐到这儿吧。（微笑着用手势示意家长坐下）

家长：很忙是吗？

老师：（一边给家长倒茶）还可以，有什么话您尽管说好了。

家长：（责问）你们班每个孩子是不是都参加了舞蹈排练？

老师：是的。

家长：那你怎么就不让我家馨馨跳舞？她回家说，每次跳舞老师都让她坐着。

老师：那是因为最近馨馨的腿脚不方便，我问她是不是不想跳，她说“是的”，我这才让她坐在旁边看的。

家长：你知不知道她每天回家就嚷着要跳舞给我和她爸爸看，她爸爸看她这么感兴趣还特地买了一面大镜子。这样喜欢跳舞的孩子你说她在幼儿园不想跳舞，谁相信？（情绪有些激动）

老师：我体谅动作不便的孩子，我尊重孩子的意愿有什么错？（语气加重）

家长：馨馨在家那么喜欢跳舞，你这怎么叫尊重孩子的意愿？（站了起来）

老师：馨馨在家的情况你可以向我反映，完全用不着用这种态度呀！

家长：你这样的态度就好了吗？什么老师?！我这就去找园长，如果可以，馨馨最好换个班级。（气冲冲地走出教师办公室）

问题：

(1) 你如何评价这两个案例？

(2) 说一说沟通（交谈）要注意什么？

三、技能测试

测测你的沟通能力

每个人都有独特的与人沟通、交流的方式。阅读下面的情境问题，选择你认为最合适的处理方法，请尽快回答，不要遗漏。

(1) 你的上司邀请你共进午餐，回到办公室，你发现你的同事颇为好奇，此时你会：

A. 告诉他详细内容。

B. 不透露蛛丝马迹。

C. 粗略描述，淡化内容的重要性。

(2) 当你主持会议时，有一位下属一直以不相干的问题干扰会议，此时你会：

A. 要求所有的下属先别提出问题，直到你把正题讲完。

B. 纵容下去。

C. 告诉该下属在预定的议程之前先别提出别问题。

(3) 当你跟上司正在讨论事情，有人打长途来找你，此时你会：

A. 告诉上司的秘书说不在。

B. 接电话，而且该说多久就说多久。

C. 告诉对方你在开会，待会再回电话。

(4) 有位员工连续四次在周末向你要求他想提早下班，此时你会说：

A. 我不能再容许你早退了，你要顾及他人的想法。

B. 今天不行，下午四点我要开个会。

C. 你对我们相当重要，我需要你的帮助，特别是在周末。

(5) 你刚好被聘为某部门主管，你知道还有几个人关注着这个职位，上班的第一天，你会：

A. 个别找人谈话以确认哪几个人有意竞争职位。

B. 忽略这个问题，并认为情绪的波动很快会过去。

C. 把问题记在心上，但立即投入工作，并开始认识每一个人。

(6) 有位下属对你说："有件事我本不应该告诉你的，但你有没有听到……"，你会说：

A. 我不想听办公室的流言。

B. 跟公司有关的事我才有兴趣听。

C. 我什么也不想听。

测试说明：

选择A计0.1分，选择B计0.5分，选择C计1分，然后将分数总计。得分为0～2分为较低，3～4分为中等，5～6分为较高；分数越高，表明你的沟通技能越好。

良好的沟通能力是处理好人际关系的关键。具有良好的沟通能力可以使你很好地表达自己的思想和情感，获得别人的理解和支持，从而和上级、同事、下级保持良好的关系。沟通技巧较差的个体常常会被别人误解，给别人留下不好的印象，甚至无意中对别人造成伤害。

本测验选择了一些在工作中经常会遇到的比较尴尬的难以应付的情境，测试你是否能正确地处理这些问题，从而反映你是否了解正确的沟通的知识、概念和技能。这些问题看似无足轻重，但是一些工作中的小事和细节往往决定了别人对你的看法和态度。如果你的分数偏低，不妨仔细检查一下你所选择的处理方式会给对方带来什么样的感受，或会使自己处于什么样的境地。

四、管理游戏

撕纸

形式：20 人左右最为合适。

时间：15 分钟。

材料：准备总人数两倍的 A4 纸（废纸亦可）。

活动目的：

为了说明我们平时的沟通过程中，经常使用单向的沟通方式，结果听者总是见仁见智，各人按照自己的理解来执行，通常会出现很大的差异。但使用了双向沟通之后，又会怎样呢，差异依然存在，虽然有改善，但增加了沟通过程的复杂性。所以什么方法是最好的？这要依据实际情况而定。作为沟通的最佳方式要根据不同的场合及环境而定。

操作程序：

(1) 给每位学生发一张纸。

(2) 老师发出单项指令：

- 大家闭上眼睛；
- 全过程不许问问题；
- 把纸对折；
- 再对折；
- 再对折；
- 把右上角撕下来，转 180°，把左上角也撕下来；
- 睁开眼睛，把纸打开。

老师会发现各种答案。

(3) 这时老师可以请一位学生上来，重复上述的指令，唯一不同的是这次同学们可以问问题。

相关讨论：

完成第一轮所有指令之后可以问大家，为什么会有这么多不同的结果（也许大家的反映是单向沟通不许问问题，所以才会有误差。）

完成第二轮所有指令之后又问大家，为什么还会有误差（希望说明的是，任何沟通的形式及方法都不是绝对的，它依赖于沟通者双方彼此的了解、沟通环境的限制等，沟通是意义转换的过程。）

五、项目训练

大学生人际沟通技能提高训练活动

(一) 活动目标

立足于大学生自身，针对大一新生开展这次人际沟通技能提高训练，以提高新生的人际沟通能力，使他们能够尽快地适应大学生活。

(二) 活动目的与安排

大学生的人际沟通是指大学生之间或大学生与他人之间沟通信息、交流思想、表达感情、协调行为的互动过程。作为社会未来管理者的大学生正处于学习知识、了解社会、探索人生的重要发展时期，对社会沟通有着强烈的渴望和要求，但一部分同学却存在着人际沟通的障碍。例如，一些人不能和周围的人友好相处，一些人因为自己贫困而感到自卑，不懂得如何与他人沟通，而人际沟通及人际关系不仅直接影响大学生在校期间的学习、生活，也直接影响他们的身心健康。加强大学生人际沟通的指导，培养大学生人际沟通的能力可以促进大学生心理健康的发展，也可以培养未来管理者的基本的工作素养。

活动地点：学校操场。

活动时间：星期五下午。

参与对象：大一新生自愿报名参与。

(三) 活动内容

1. 相互认识（25分钟）

目标：使每个人能很快融入团体中，并与其他成员相互认识和了解。

本阶段活动流程：指导者进行自我介绍，提出对成员的希望，即主动投入、认真倾听、热情参与、真实表达。组织团体交流，指导者归纳并澄清活动的目标，再次提出希望：团体是大家的，付出的越多，收获的越多。

操作：指导者鼓励大家："今天是个特殊的日子，今天我们会结识许多新朋友，让我们彼此勇敢、主动、真诚地握握手，打个招呼，作个自我介绍（专业、班级、爱好、性格特征）。”鼓励成员主动去认识自己不熟悉的成员，营造和谐融洽的活动氛围。将所有人排成两个同心圆，随着歌声内外圈反方向转动，歌声一停，面对面的两个人握手寒暄并相互自我介绍。歌声再起时，游戏继续进行。歌曲为《朋友》等节选。

2. 签订承诺（20分钟）

材料准备：一张白纸，一支笔。

操作：为了更好地营造和谐融洽的氛围，保证活动的进行，需要制订一份团体契约，作为团体的规章制度，要求每一位成员认真遵守。通过集体讨论的方法，成员们各抒己见，共同制定团体契约，契约主要体现了真诚、平等、守时、保密的原则。最后把契约誊写在一张纸上，并让成员签名。

3. 建立活动小组（15分钟）

材料准备：不干胶，水笔。

操作：将成员分为小组开展活动。分组形式为以A1～A8、B1～B8等形式给每名团员编号，先以A为第一维度分组。

分组完毕后，小组成员间相互认识，以名字接力游戏增加小组成员间的了解。

4. 以小组成员数字编号为维度分组，重新建立新的小组开展下面的活动（5分钟）

目的：使成员间不产生竞争意识，并能够认识更多的成员。

操作：小组成员间相互认识，快乐大转盘。成员围成两个人数相等的同心圆，面对面相对而立。指导者宣布规则：对在你面前的人，你可以有三种选择，与对方击掌、握手、拥抱。如果你想击掌，那么伸出一个手指并高举过肩；如果你想和对方握手，那么伸出两个手指并高举过肩；如果你想和对方拥抱，那么伸出三个手指并高举过肩。如果对方和你的手指数一样，你们就可以按照你们的选择击掌、握手或拥抱，同时介绍自己的名字、班级等基本情况。如果你们手指的数目不一样，就向对方微笑，同时介绍自己的名字、班级等基本情况。你们只有很短的时间选择，活动结束后，指导者会高喊“向右迈一步”，所有人听到指令后立即向右迈一步，然后与站在你面前的新人重复以上的动作，直至所有人认识完毕。

5. 成长路上，有你有我（45分钟）

目标：学会管理情绪，接纳别人，团结互助，提高与人相处的能力，建立和谐的人际关系。

程序：

（1）请你为我做件事

目的：①体验施与受的感觉；②促进人际关系的觉察。

过程：在小组中以数字为维度，单双号搭配组成二人小组，分饰施方与受方，由受方请求施方为他做件事，如“请你为我唱首歌”等可行合宜的事，在接受帮助后，受方必须表示感谢。（角色互相轮流）

讨论施与受的经验：当你帮助别人时，感受如何？当你接受别人帮助时，感受如何？

你如何向他人表达谢意?

(2) 针线情

材料准备: 针线，心形纸，盒子，泡沫。

目的: 加强学生适应团体及有效处理人际关系的能力。培养学生合作精神及尊重他人的美德。

过程:

① 两人一组，一人拿针，一人拿线，限时一分钟(或更短)，将线穿入针眼内就算完成。要两人合作，不得一人完成(穿针时不限单或双手)，穿完线后，收拾起备用。

② 准备心形卡片(以西卡纸或书面纸制成，心形卡片数量为活动总人数的一半)，将心形卡片剪成任意的两半，分开置于两个纸盒内。分两组，分至两盒，每人各抽出一张，写出姓名。

③ 持半颗心形卡寻找另外半颗心配对，然后取针线将它缝起来成为一颗完整的心。

模块五 控制与信息处理能力

管 理 能 力 基 础

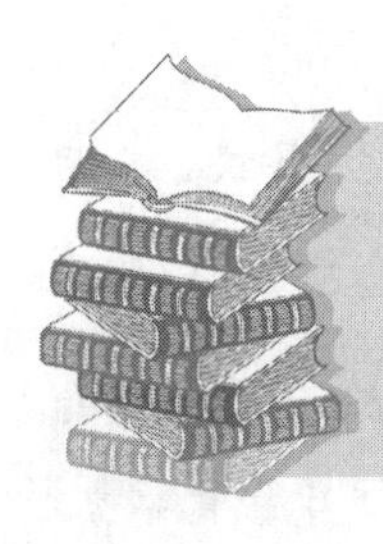

项目二十二
识别控制

学习目标

知识目标

了解控制职能的含义；理解管理控制的几种基本类型；掌握控制的基本程序和要领。

能力目标

识别基本的控制类型；按控制过程对组织进行控制。

思政目标

培养管理控制时强烈的责任心和严谨的工作态度。

案例导入 ▷▷

创业策划大赛的承办过程与结果为什么差强人意？

王利华是一位大三学生，也是学校“创业者”社团的主要负责人。经过王利华的努力，社团终于争取到了学校学生工作部举办的创业策划大赛的承办权。这是一次宣传社团的绝佳机会，经过一周多的讨论，社团制订了详细的活动计划并上交给学工部审核。审核结果是学工部对该活动计划非常满意，并表示一定全力支持社团把活动办好。于是，王利华按照活动计划，组织了社团各部门负责人会议，落实了各部门任务：实践部负责活动的组织和与各参赛队的联络；外联部负责邀请知名教授和企业家担任大赛评委；宣传部负责海报设计和网络宣传；办公室负责财务预算和支出管理。王利华要求各部门负责人千方百计调动各部门成员的积极性，全力完成各自部门的任务，各部门负责人也士气高昂，纷纷表示一定要搞好这次活动。

就在王利华认为一切都已经安排就绪，这一次一定能很好地完成大赛的承办，从而大大地提高社团的影响力时，各种问题开始不断出现：实践部部长是个急性子，办事风风火火，在许多具体的比赛规则还没有通过集体讨论并向学工部汇报的情况下，就擅自拍板将比赛规则发送给了各参赛队；外联部邀请企业家遇到了困难，却一直没有及时向上反映争取支持，导致宣传海报迟迟不能定稿；办公室对各部门花钱根本没加以控制，预算完全成了一张废纸。

当王利华发现这些问题时，已经到了活动计划开始的时间。尽管他对具体比赛规则的制定十分不满，但是由于已经对外发布，也只能自己向学工部老师检讨，最终说服了老师就按照这些规则把比赛办下去。企业家请不到预定的数量，就只好减少评委数量，否则宣传海报迟迟不能展出。

活动在校方的支持下还是办了下来，但是不少参赛队对于比赛规则提出了异议，最后决赛的评委数量、知名度和宣传效果也不尽如人意，支出与预算相比严重不符，而且整个活动由于组织不力延长了近半个月才收尾。

在社团活动总结会上，王利华认为这次活动组织不理想是由于实践部擅自确定比赛规则，外联部没有及时汇报情况。至于超支问题，主要是办公室主任没有履行好监管职责。对此，各部门负责人提出了异议。实践部部长认为，社里明确由实践部负责比赛的具体组织，事先又没有说比赛规则需要事先经学工部审批，自己是一心想办好活动，现在却成了"罪魁祸首"。外联部部长认为，社长没有事先明确什么事情在什么时候要汇报，自己一直在与企业家联系，对方当初也没有明确拒绝，最终对方不能来也不能责怪外联部。办公室主任也觉得很委屈，认为各部门既不事先申报，又在花销时以自己部门买的东西是比赛用品，办公室就应予以报销，否则影响比赛效果要由办公室承担责任为由要挟，加上原来的计划也只是列出了大致费用类型，社长也没有具体明确哪些好报、哪些不好报，只说要保证会议的资金使用，自己只能给予报销。

思考与分析：为什么这次活动事先制订了计划，明确了各部门之间的分工，而且大家也确实比较投入，但最终还是出了这么多问题呢？

知识学习 ▷▷

一、管理控制概述

（一）管理控制的含义

控制是管理的一种重要职能。管理中的控制职能是指管理者为保证实际工作与计划一致，有效实现目标而采取的一切行动。

在广义上，控制与计划相对应，控制是指除计划以外的所有保证计划实现的管理行为，包括组织、领导、监督、测量和调节等一系列环节。

在狭义上，控制是指继计划、组织、领导之后，按照计划标准衡量计划完成情况和纠正偏差，以确保计划目标实现的一系列活动。

（二）控制工作在管理工作中的地位与作用

1. 控制在管理工作中的地位

控制是管理四大职能之一，与计划、组织和领导职能密切配合，共同构成组织的管理循环；控制是贯穿于管理全过程的一项重要职能，是与计划职能孪生的；控制要以计划、组织和领导职能为基础，同时，又是计划、组织、领导工作有效开展的必要保证。

2. 控制的作用

（1）控制能保证计划目标的实现，这是控制的最根本作用。

（2）控制可以使复杂的组织活动协调一致、有序地运作，以增强组织活动的有效性。

(3) 控制可以补充与完善期初制订的计划与目标，以有效地减轻环境的不确定性对组织活动的影响。

(4) 控制可以进行实时纠正，避免和减少管理失误造成的损失。

(三) 控制系统

1. 控制系统的特征

控制系统是指由决定动态系统稳定状态的元素和被决定的动态系统稳定状态的元素有机结合而成的集合。控制系统具有如下特征：

(1) 控制系统有一个预定的稳定状态或必须保持的平衡状态；

(2) 控制系统是一个不断变化的动态系统；

(3) 从外部环境到系统内部有一种信息传输；

(4) 系统具有一种能保证实现系统稳定或平衡状态的可进行纠正行动的装置。

企业管理就是一个具有上述特征的控制系统。

2. 控制系统与环境

系统状态是由系统本身与其外部环境决定的，系统与环境之间的作用是通过系统的输入输出向量实现的，而输入输出向量又是借助信息流形式表示的。

控制系统通过输入、输出、反馈等变量或过程来实现控制的功能与目标，如图 22-1 所示。

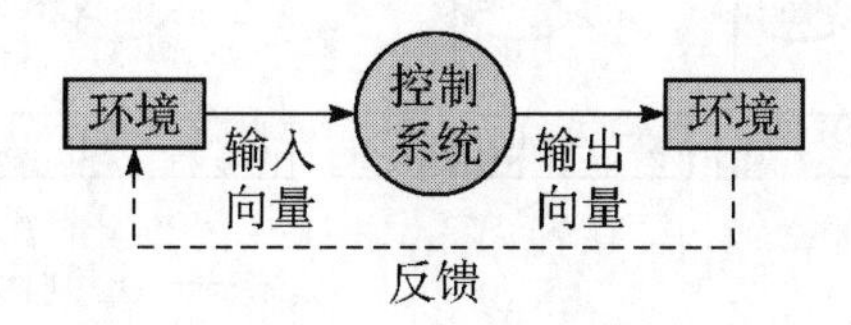

图 22-1 控制系统与环境

二、控制的基本类型

按照不同的标志，控制可以划分为多种类型。但是，管理中最基本的控制有三种类型，即预先控制、同步控制和反馈控制。

(一) 预先控制

预先控制是指在行动之前，为保证未来实际与计划目标一致所做的努力。

预先控制的中心问题是防止企业所使用的资源在数量与质量上可能产生的偏差。其基本形式是合理配置资源。

(二) 同步控制

同步控制是指在计划执行的过程中，管理者指导、监督下属工作，保证实际工作与计划目标一致的各种活动。

同步控制所控制的中心问题是执行计划的实际状况与计划目标之间的偏差。其基本形式是管理人员的指导、监督和测量、评价。

（三）反馈控制

反馈控制是指把行动最终结果的考核分析作为纠正未来行为依据的一种控制方式。反馈控制是在计划执行后进行的，其目的不是对既成事实的纠正，而是为即将开始的下一过程提供控制的依据。

反馈控制的中心问题是执行计划的最终结果与计划目标的偏差，其控制的基本形式是通过对最终结果的分析，吸取经验教训，调整与改进下一阶段的资源配置与过程指导、监督。

三种控制类型的比较如下。

（1）预先控制，是建立在能测量资源的属性与特征的信息的基础上得出来的，其纠正行动的核心是调整与配置即将投入的资源，以求影响未来的行动。

（2）同步控制，其信息来源于执行计划的过程，其纠正的对象也正是这一活动过程。

（3）反馈控制，是建立在表明计划执行最终结果的信息的基础上的，其所要纠正的不是测定出的各种结果，而是执行计划的下一个过程的资源配置与活动过程，如图 22-2 所示。

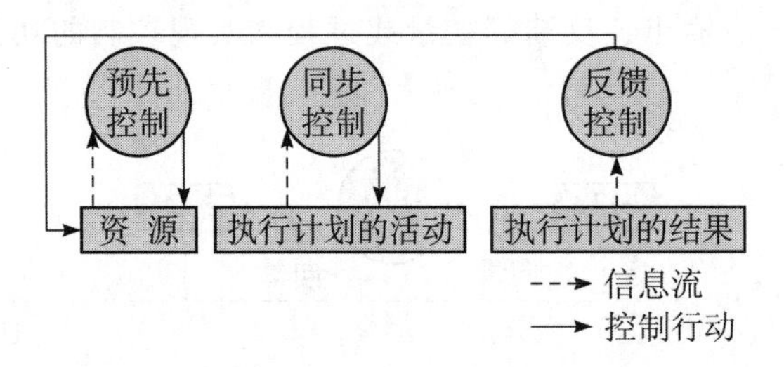

图 22-2　三种控制类型的比较

三、控制要领

（一）实行例外控制

1. 基本含义

管理者要把控制力量集中在例外情况上。即只有实际工作脱离计划的重大偏差，才应由管理者处理，而一些不重要的问题应用已经制定的有关管理规范去解决。

2. 具体要求

（1）假定某些偏差的发生是预料之中的，只要活动是在允许的范围之内，那就可以将其看作是处于控制之中的。

（2）只有出现重大偏差，且没有处理它的既定规范，才应该由领导者处理。

（3）管理者要为下级明确提供能够用来处理次要偏差的既定原则、政策、程序、规范和措施，以保证他们有效、独立地解决那些例行问题。

（4）管理部门应对调整标准做好准备。必须根据情况的变化对过时的目标或规范加以修正。

（二）在战略要点上控制

1. 基本含义

一个高层管理者面临着一个庞大的系统，对这一系统所有方面、所有问题全部进行集中的个人控制是不可能的。这就需要解决控制什么和在什么地方控制的问题。解决这个问题的方法就是在战略要点上控制，即根据战略要点出现的偏差去控制一般的工作因素。

2. 战略要点

所谓战略要点，是指与诸工作因素相互联系，并能综合、集中反映与统领制约这些工作因素的关键性环节。

利润是企业必须控制的战略要点。

（三）控制关键因素

要使控制有效率，就必须抓住关键因素加以控制。关键因素主要有以下三种类型。

1. 出现偏差的可能性大的因素

如在生产中对事故发生概率大的环节，就必须重点控制。

2. 直接决定工作成效的重点因素

如企业的新产品开发与市场开拓，是构建企业竞争优势、促进企业长期发展的关键环节，必须集中力量抓好。

3. 能使控制最有效、最经济的因素

把那些对全局举足轻重而又便于控制且花费较少的因素作为控制的关键因素，可以大大地提高控制效率。当然这里讲的最有效与最经济是统一的，要两者兼顾。

（四）有计划地控制

1. 基本含义

有效的控制不是在行动当时随机产生的，而是预先安排、按计划行事的。

2. 要提高控制的预先性

由于控制中的信息反馈存在时间滞后的问题，管理者要特别重视预先控制；即使在同步控制和反馈控制中，也要充分注意预见性问题，要尽可能早地获得信息，发现偏差，并尽快纠正。

四、控制过程

实施管理控制职能的基本程序是：①制定标准；②对照标准衡量工作绩效；③采取纠正行动。

（一）制定标准

1. 确定建立标准的范围

首先必须明确应对哪些类别的活动或哪几个领域的活动制定标准。按管理的基本活动的类型，须制定的标准有：业务标准、政策标准、职能标准、设备结构标准、人事标准及工作标准等。

2. 选择制定标准的方法

应根据具体情况的需要，选择恰当的方法制定标准。制定标准主要有三种方法：①统计法；②估计法；③工程法。

3. 确定标准的表达形式

不同的业务领域、不同的种类的活动都可形成一定的控制标准。就其基本类型而言，标准的表达形式主要有：

（1）用实物量规定，如每月的生产数量。

（2）用价值规定，如资金标准、收益标准、成本标准等。

（3）用时间使用程度规定，如各种工时定额、完成任务的限期等。

（4）定性规定，如企业的经营方向。

（二）衡量工作绩效

1. 测量的预见性与及时性

衡量工作的目的在于发现偏差，以便尽快纠正。

至少应该做到抓紧监测工作，尽早发现偏差的源头，以便及时采取有力措施。

2. 采用科学的监测、考核方法

好的考核方法的特征包括：①定量化；②必须全面、准确、公正。

3. 分析偏差

这是衡量成效的关键环节。

（1）确认偏差的性质、幅度、特征，并尽可能定性、定量地加以准确界定。

（2）要深入分析造成偏差的原因、条件，并找出诸因素中的主要原因。

（三）纠正行动

纠正行动是整个管理控制中最关键的一个环节。纠正行动是指根据偏差分析结果，进行决策，制订纠正偏差的措施，并付诸实施，以使实际系统重新进入计划轨道保证目标实现的行为。

1. 选择纠正方式

要使实际与标准相一致，纠正行动必须在下述三种方式中进行选择：

（1）调整行动，使行动与计划相符；

（2）调整计划，使计划与行动相符；

（3）既调整计划又调整行动，使二者重新取得一致。

这三种方式，采取哪种，要根据计划的可行性、执行者的客观条件等灵活确定。

2. 及时、迅速纠正

纠正不及时，将造成很多不必要的损失，就一般情况而言，出现的偏差由于惯性的作用，会随着时间的推移不断扩大，有时甚至是以递增的比率扩大。因此，纠正措施必须果断，纠正行动必须及时、迅速。

3. 实施适度控制

所谓有效控制是指，实际轨道围绕标准在允许幅度内上下均匀波动。基于这种认识，纠正不宜采取过于强烈的行动。如果纠正偏差的力量大于产生偏差的力量，将会造成新的偏差，形成大起大落的大波动，反而不利于稳定状态的维持。同时，纠正行动也应是必要的，过多的、不适当的纠正行动也将会破坏系统的稳定状态的维持。因此，纠正行动要适可而止，恰到好处。

能力训练 ▷▷

一、复习思考

(1) 控制是什么？怎样认识控制的重要性？

(2) 简述三种基本控制的类型。

(3) 控制是普遍的吗？列举两个生活中的例子。

二、案例分析

天佑公司的内部管理控制

天佑公司是一家以生产洗衣机为主的家电企业。2020 年该厂总资产 50 亿元，而 10 年前，该公司还是一个人员不足 100 人、资产仅 500 万元且濒临倒闭的小厂。10 年间企业之所以有了如此大的发展，主要得益于公司内部健全的控制措施，主要如下。

第一，生产控制。公司对产品的设计设立高起点，严格要求；依靠公司设置的关键质量控制点对产品的生产过程全程监控，同时利用 PDCA 和 PAMS 方法，持续不断地提高产品的质量；加强了员工的生产质量教育和岗位培训。

第二，供应控制。天佑公司把所需采购的原、辅材料和外购零部件，根据性能、技术含量以及对成品质量的影响程度，划分为 A、B、C 三类，并设置了不同类别的原、辅材料和零部件的具体质量控制标准，进而协助供应厂家达到质量控制要求。

第三，售后控制。公司与经销商携手寻找最佳点，共同为消费者提供优质服务；公司建立了一支高素质的服务队伍，购置了先进的维修设备，建立了消费者投诉制度和用户档案制度，开展了多形式的售后服务工作，提高了消费者满意度。

问题：试用控制分类知识对案例中的控制措施进行分类，并说明各自的特点。

三、技能测试

你愿意在多大程度上放弃控制?

提示：通过下列问题，你会对是否放弃足够的控制而又保持有效性的问题有一个明确的认识。

如果你没有工作经验，可根据你所知道的情况和你个人的信念来回答。对每一个问题指明你同意或不同意的程度，在相应的数字上面画圈，各选项的数字代表对该问题由“极其赞同”到“极其反对”的过渡级别。

(1) 我会更多地授权，如果我授权的工作都能像我希望的那样完成。 5 4 3 2 1

(2) 我并不认为会有时间去合适地领导。 5 4 3 2 1

(3) 我仔细地检查下属的工作并不让他们察觉，这样在必要时，我可以在他们引起大的问题之前纠正他们的错误。 5 4 3 2 1

(4) 我将我所管理的全部工作都交给下属去完成，我自己一点也不参与，然后我检查结果。 5 4 3 2 1

(5) 如果我已经给出过明确的指令，但下属仍没能做好工作，我会感到沮丧。 5 4 3 2 1

(6) 我认为员工缺乏和我一样的责任心。所以只要是我不参与的工作就会干不好。 5 4 3 2 1

(7) 我会更多地授权，除非我认为我会比现任的人做得更好。 5 4 3 2 1

(8) 我会更多地授权，除非我的下属非常有能力，否则我会受到指责。 5 4 3 2 1

(9) 如果我授权给下属，那么我的工作就不会那么有意思了。 5 4 3 2 1

(10) 当我将一项任务交给下属去做时，最终总是我自己从头干一遍所有的工作。 5 4 3 2 1

(11) 我并不认为授权会提高多少工作效率。 5 4 3 2 1

(12) 当我将一项任务交给下属去做时，我会简洁清晰地具体说明应该如何完成这项任务。 5 4 3 2 1

(13) 由于下属缺乏必要的经验，我不能一厢情愿地授权。 5 4 3 2 1

(14) 我发现，授权给下属后我会失去对这项任务的控制。 5 4 3 2 1

(15) 如果我不是一个完美主义者，我会更多地授权。 5 4 3 2 1

(16) 我常常加班工作。 5 4 3 2 1

(17) 我会将常规工作交给下属去做，而非常规工作则必须由我亲自做。 5 4 3 2 1

(18) 我的上级希望我注意工作中的每一个细节。 5 4 3 2 1

测试说明：

累加你的18项问题的全部得分，你的分数可以解释如下：

- 72～90分＝无效的授权；

- 54～71 分＝授权习惯需要大大地改进；
- 36～53 分＝你还有改进的余地；
- 18～35 分＝优秀的授权。

四、管理游戏

代号接龙

内容：这个游戏的目的在于训练个人的反应力和记忆力，以最快的速度判断自己所在的位置。

方法：

(1) 人数在 10 人以内最适合。

(2) 参加者围成一个圆圈坐着，先选出 1 人当“鬼”。

(3) 参加者以“鬼”的位置为起始，从“鬼”开始依次数出的数字，就是自己的代号，每个当“鬼”的人都是 1 号，“鬼”的右边第一位是 2 号，依次为 3 号……

(4) 游戏从“鬼”这里开始进行。如果“鬼”开始说“1，2”，其意思是由第 1 个人传给第 2 个人。

(5) 2 号接到口令后，要马上传给其他参加者，如“2，5”，就是 2 号将口令传给自己右边第五位参加者，此数字可以自由选择。

(6) 游戏如此一直进行下去。

(7) 自己的代号被叫到却没有回答的人，就要做“鬼”。

(8)“鬼”的代号是从 1 开始的，所以当“鬼”换人时，所有人的代号将重新更改。重点：这个游戏有趣与否，取决于参与者的反应速度，此游戏可用于培养人的反应的灵敏度。

五、项目训练

班级的综合评价

实训目标：

本章实训的目标是培养学生的控制能力与信息处理能力。具体包括：

(1) 有效控制的能力；

(2) 搜集与处理信息的能力；

(3) 总结与评价的能力。

实训内容与要求：

班级的综合评价分以下两个阶段进行。

(1) 第一阶段为自评阶段：经过一段时间的实践，由班级的各个部门（如学习、劳卫、体育等）负责人按工作性质的不同写出自检评估报告，班长写出班级全面工作总结。全班同学给自己打出自评分数。重点是搜集与整理有关本班与本人绩效的信息。

(2) 第二阶段为互评和总评阶段：各部门互评与教师总评，本着“公平、公正、公开”的原则，各部门之间根据绩效与日常表现，互相评估打分；教师依据绩效及表现对各部门进行综合评估打分；最后将各部门分数进行加权汇总。

成果与检测：

(1) 各部门制订评估方案；

(2) 班长写出班级全面工作总结；

(3) 每个部门负责人及每个同学提交自我评估报告或总结；

(4) 教师进行成绩汇总与评定。

项目二十三
运用几种主要的控制方法

学习目标

知识目标

了解预算控制与非预算控制等主要方法。

能力目标

能识别不同的控制方法与技术；在管理工作中能运用几种主要的控制方法。

思政目标

培养科学进步的管理控制价值观念。

案例导入 ▷▷

财务控制

“我的钱到底是怎么花的?”这是罗老板每天都在问自己的一个问题。

罗老板经营一家装饰工程公司，已经有6年了。在这个公司里，罗老板是一股独大，虽然有另一个小股东，但也是罗老板的自家人。罗老板为人精明，做生意兢兢业业，把这家小公司管理得井井有条。

2020年对于罗老板来说是大发展的一年。这一年，公司连续接到了多项大工程，由原来前4年每年营业额三四百万元猛增到年营业额2 000万元。业务形势一片大好，但财务管理问题又使罗老板陷入苦恼之中。

过去每年二三百万的年营业额，三四处工地，罗老板用一支笔加上精明的头脑，控制起来得心应手。但现在每年八到十处工地，2 000多万元的营业额，每个工地又有分包、转包、合作项目分支，且工地分散在全国六个地区，每天各地用传真发来的费用申领单多达上百张，大到几十万元，小至十几元，每张都要他签字后回复方可申领。如何辨别这些支出的合理性?

实际上，精明的罗老板在财务管理上用人一直不顺手，从2018年起，两年内换了3个会计、1个出纳。虽然公司制定了很完善的财务制度文件，但执行起来都不合意。财务人员技能不足以控制住多头的项目财务走向，支出混乱。罗老板每天都在问:“我的钱到底是怎么花的?”

思考与分析: 你如何为罗老板提供一个公司财务控制的解决办法?

知识学习 ▷▷

一、预算控制

(一) 预算的性质

在管理控制中使用最广泛的一种控制方法就是预算控制。预算是以数量形式表示的计划。预算的编制是作为计划过程的一部分开始的，而预算本身又是计划过程的终点，是一种转化为控制标准的数量化的计划。

1. 预算是一种计划

预算的内容可以概括为：①“多少”——为实现计划目标的各种管理工作的收入（或产出）与支出（或投入）各是多少；②“为什么”——为什么必须收入（或产出）这么多数量，以及为什么需要支出（或投入）这么多数量；③“何时”——什么时候实现收入（或产出）以及什么时候支出（或投入），必须使得收入与支出取得平衡。

2. 预算是一种预测

它是对未来一段时期内的收支情况的预计。作为一种预测，确定预算数字的方法可以采用统计方法、经验方法或工程方法。

3. 预算主要是一种控制手段

编制预算实际上就是控制过程的第一步——拟定标准。由于预算是以数量化的方式来表明管理工作的标准，从而本身就具有可考核性，因而有利于根据标准来评定工作绩效，找出偏差（控制过程的第二步），并采取纠正措施消除偏差（控制过程的第三步）。无疑，编制预算能使确定目标和拟定标准的计划得到改进。但是，预算的最大价值还在于它对改进协调和控制的贡献。

(二) 预算的种类

1. 经营预算

经营预算是指企业日常发生的各项基本活动的预算，主要包括销售预算、生产预算、直接材料采购预算、直接人工预算、制造费用预算、单位生产成本预算、推销及管理费用预算等。

2. 投资预算

投资预算是对企业的固定资产的购置、扩建、改造、更新等，在可行性研究的基础上编制的预算。

3. 财务预算

财务预算是指企业在计划期内反映有关预计现金收支、经营成果和财务状况的预算，主要包括现金预算、预计收益表和预计资产负债表。

（三）预算控制的风险

1. 预算过于烦琐带来的危险

由于对极细微的支出也作了琐细的规定，致使主管人员管理自己部门必要的自由都丧失了。所以，预算究竟应当细微到什么程度，必须联系授权的程度进行认真酌定。

2. 预算目标取代了企业目标带来的风险，即发生了目标的置换

在这种情况下，主管人员只热衷于使自己部门的费用尽量不超过预算的规定，却忘记了自己的首要职责是千方百计地去实现企业的目标。

3. 预算潜在的效能低下的风险

预算有一种因循守旧的倾向，过去所花费的某些费用，可以成为今天预算同样一笔费用的依据。改变的方法有两种：一种是编制可变预算；另一种是零基预算。

二、非预算控制

（一）视察

1. 视察的含义

视察指察看、审察、考察，上级人员到下属机构检查工作。视察是最古老、最直接的控制方法之一。

2. 视察的作用

(1) 可获得生动的较为真实的第一手信息。

(2) 可保持或不断更新对组织运行状态的认识。

(3) 可及时发现人才，可吸取群众的智慧，可激发管理灵感。

(4) 可加强管理者与下属的沟通，使关系融洽，有利于调动下属的积极性。

3. 视察需注意的问题

(1) 把握视察的时机和频度。关键时期、关键部门，不要过于频繁。

(2) 视察时要针对下属提出的问题给予解答或解决，不能对下属的问题敷衍了事。

(3) 视察时要有敏锐的头脑，能够发现潜在的问题。

(4) 视察要制度化，防止忽冷忽热。

（二）报告

1. 报告的含义及作用

报告是用来向负责实施计划的主管人员全面、系统地阐述计划的进展情况、存在的问题及原因、已经采取了哪些措施、收到了什么效果、预计可能出现的问题等情况的一种重要方式。控制报告的主要目的在于提供一种如果有必要，即可用作纠正措施依据的信息。

2. 报告应包括的内容

(1) 管理者的投入程度。即管理者需要知道他本人在计划执行中应做哪些工作，应投入多精力，参与到什么程度。

(2) 计划的执行情况。即管理者需要获得计划执行情况的全面信息，包括工作的进度、资金的使用情况、技术状况等。

(3) 当前和未来的关键问题。即管理者需要获得计划工作执行中目前存在的关键问题及解决措施、未来可能出现的关键问题及应对措施。

(4) 组织的全面情况。即管理者需要获得有关组织的尽可能全面的信息。

3. 报告的基本要求

作为控制方法之一的报告，必须做到适时、突出重点、指出例外情况、尽量简明扼要。通常，运用报告进行控制的效果取决于主管人员对报告的要求。

(三) 比率分析

比率分析就是将企业资产负债表和收益表上的相关项目进行对比，形成一个比率，从中分析和评价企业的财务状况和经营状况。

(1) 财务比率

$$资本金利润率=\frac{利润总额}{资本金总额}\times 100\%$$

$$流动比率=\frac{流动资产合计数}{流动负债合计数}\times 100\%$$

$$资产负债率=\frac{负债总额}{全部资产总额}\times 100\%$$

(2) 经营比率

$$市场占有率=本企业产品销售量/市场上同类产品销售量\times 100\%$$

$$投入产出比=收益/投资\times 100\%$$

(四) 程序控制

1. 程序的性质

(1) 程序是一种计划

程序对处理过程包含的工作，涉及的部门和人员，行进的路线，各部门及有关人员的责任，以及所需的校核、审批、记录、存贮、报告等进行分析、研究和计划，从中找出最简捷、最有效和最便于实行的准确方案，要求人们严格遵守。

(2) 程序是一种控制标准

程序通过文字说明、格式说明和流程图等方式，把一项业务的处理方法规定得一清二楚，从而既便于执行者遵守，也便于主管人员进行检查和控制。程序所隐含的基本假设是，管理中的种种问题都是因为没有程序或没有遵守程序而造成的。

(3) 程序是一种系统

一个复杂的管理程序，如新产品开发、成本核算等，往往涉及多个职能部门，多个工作岗位，不同的主管人员和专业人员，各种计划、记录、账簿、报告，以及各种类型的管理活动，如调研、计划、设计、会审、校核、登账、核算等，因而应将其看作是一种系统，要用系统观点和系统分析方法来分析和设计程序。

2. 程序的分析和制定

管理程序分析所依据的理论是管理的原理，分析的工具主要是业务流程图。业务流程图是利用少数具有特定含义的符号和文字说明，形象而具体地描述系统的业务流程，非常直观，便于记忆分析和对比。它不仅可用来设计管理程序，而且也是分析和设计计算机化的管理信息系统的主要工具。

管理程序的设计和说明，除采用流程图形式外，通常还包括程序说明以及对票据与账簿的格式、项目和填写要求的说明。

3. 程序控制的准则

(1) 使程序精简到最低程度。

(2) 确保程序的计划性。

(3) 把程序看成是一个系统。

(4) 使程序具有权威性。

能力训练 ▷▷

一、复习思考

(1) 什么是预算控制？它有哪几种形式？

(2) 非预算控制有哪几种形式？

(3) 简述程序控制的准则。

二、案例分析

如何加强企业内部控制

中国航油（新加坡）股份有限公司（以下简称中航油新加坡公司）是中央大型国有企业中国航空油料控股公司（以下简称集团公司）的境外控股公司，成立于1993年，注册地和经营地均在新加坡，并在新加坡证券交易所主板上市。

2004年11月30日，中航油新加坡公司突然向新加坡证券交易所申请停牌，并于次日发布公告称，中航油新加坡公司在某能源品种的期权交易中遭受重创，累计损失5亿多美元。这一消息震惊了国内外市场。集团公司迅速派出调查组，对中航油新加坡公司内部控制与风险管理等进行全面调查。经过调查，发现了以下情况。

(1) 2002年8月，中航油新加坡公司在其总经理陈久霖的策划和推动下，开始从事能源品种期权交易。由于中航油新加坡公司自成立以来一直从事能源采购业务，包括总经理陈久霖及期权交易员在内的多数员工对期权交易业务缺乏基本常识。中航油新加坡公司董事会事后通过其他渠道得知本公司在从事期权交易，但从未采取任何有效措施予以制止。

(2) 2002年10月，为加强对中航油新加坡公司的财务监督，集团公司尝试向中航油新加坡公司委派财务部经理，中航油新加坡公司董事长（由集团公司总经理兼任，由于一直在国内工作，于是将中航油新加坡公司的经营管理业务授权中航油新加坡公司总经理陈久霖全权负责）对此表示同意。但中航油新加坡公司总经理陈久霖坚持从当地聘用财务部经理，并先后将集团公司委派的两任财务部经理调任他职。此后，集团公司放弃了委派财务部经理的努力。

(3) 2003年7月，面对能源价格持续攀升的走势，在未对能源市场做出全面、冷静分析的情况下，总经理陈久霖仍主观认定能源价格将发生逆转，并授意交易员进行了看跌期权交易，导致中航油新加坡公司发生较大损失。在随后的近一年中，能源价格继续大幅上涨。为扭转颓势，总经理陈久霖仍抱着侥幸心理坚持进行看跌期权交易，并进一步加大了交易量。为了满足不断增加的交易量对交易保证金的需求，总经理陈久霖授意公司财务部将董事会明确规定有其他用途的3亿多美元贷款用以支付交易保证金。总经理陈久霖对上述期权交易行为和改变贷款用途的行为，未向董事会报告；同时，对期权交易发生的损失，也未在公司财务报表中予以反映和披露。

(4) 2004年8月，尽管已在期权交易中遭受巨大损失，但总经理陈久霖仍在公开场合表示，中航油新加坡公司收入稳定，经营状况和财务状况良好。

(5) 根据中航油新加坡公司《风险管理手册》的规定，中航油新加坡公司的期权交易业务，实行交易员—风险管理委员会—审计部—总经理—董事会层层上报、交叉控制制度。同时规定，损失20万美元以上的每一笔交易要提交风险管理委员会评估，任何将导致50万美元以上损失的交易将强制平仓（即了结期权交易行为）。《风险管理手册》中还明确规定公司的止损限额是每年500万美元。但是，交易员没有遵守交易限额规定和平仓规定，风险管理委员会也没有进行任何必要的风险评估，审计部因直接受命于总经理而选择了附和，总经理陈久霖为挽回损失一错再错，董事会对期权交易盈亏情况始终不知情。

调查工作结束后，调查组向集团公司董事会提交了一份调查报告。报告对中航油新加坡公司内部控制中存在的缺陷进行了深入分析，并就集团公司如何加强对包括中航油新加坡公司在内的境外控股公司的控制提出了改进建议。

问题：

(1) 从内部控制的角度，简要分析中航油新加坡公司在控制环境、风险评估、控制活动、信息与沟通、监控等方面存在的缺陷。

(2) 就集团公司如何加强对境外控股公司的控制提出你的建议。

三、技能测试

克制自己情绪的能力指数测试

测试说明：

米开郎基罗说："被约束的力才是美的。"被控制的情绪、情感才能有帮助作用。那么你的情绪控制能力如何？请根据你的实际情况，对下列题目做出唯一适合你的选择。

测试题：

(1) 你在办公室里，为了赶一件工作而忙得晕头转向，此时电话铃却急促地响个不停，你赶忙抓起电话，对方抱怨你接晚了，可他又打错了单位，这时你会怎样？

A. 对对方的埋怨表示接受，然后告诉对方"您错了"。

B. 说一声"这是火葬场"，咔嚓挂断电话。

C. 告诉对方他要找的单位，可你不是这个单位的人。

D. 说："我是××单位，请另拨号吧。"

（2）当你排长队买球票等得不耐烦时，一位不速之客试图混在你前面插队，这时你会怎样？

A. 你想：反正也不是只有我自己排队，插就插呗。

B. 你吹胡子瞪眼地说："自觉点儿，后边去！"

C. 你说："我倒没什么，早点儿晚点儿都行，可后边的人有意见。"

D. 你说："对不起，你来得比我晚，是吧？大伙都挺忙，排好队也不慢。"

（3）这天下午你提前下班，为了让妻子（丈夫）改善一下生活，你想在她（他）面前"露一手"，不辞辛苦地张罗起来。由于技术不熟练和手忙脚乱，菜没做好。你妻子（丈夫）回来一看，埋怨你："做的味儿不可口，火候也小了，把挺好的材料也浪费了。"这时你会怎样？

A. 虽然心里很委屈，还是一声不吭地听了。

B. 会说"不好吃，别吃了"，随手将其倒掉。

C. 说："我本来是可以做好的，可是由于火不好用才做糟了。"

D. 理解妻子（丈夫），只是恨铁不成钢，高兴地对她（他）说："这次是有点儿不成功，下次包你满意。"

（4）你到一家餐馆就餐，服务员给你找零钱时少找给你两角钱，你发现以后会怎样？

A. 你想：算了，这样忙乱，她不承认也没办法，便悄然离去。

B. 你气势汹汹地质问、斥责她，说她这是故意想讨便宜。

C. 你什么也不说，但离开时将一只杯子装进口袋以作抵偿。

D. 你对服务员说："对不起，能否查一下，你多收了我两角钱。"

（5）你刚买回一台录像机，还没有好好使用过，你的一位朋友说要借用几天，而你并不愿意外借，你怎么办呢？

A. 尽管心里老大不愿意，还是借给他用了。

B. 你不但不借给他用，还说难听的话给他听。

C. 你说："咱们是好朋友，你不来借也要让你用几天，只是不巧被别人借走了。"

D. 你说："我刚买来，看看质量好不好，要是没问题第一个借给你看。"

（6）你的经理交给你一件并不属于你职责范围内的事情，虽然你对此项事情不熟悉，但还是费九牛二虎之力完成了。当你高兴地去向他报告时，不仅没受到赞扬，还被指责这也不对，那也不妥。这时你会怎样？

A. 虽然满腹委屈，也没有说一句话，默默走开。

B. 不买他的账，拂袖而去。

C. 说："这事我也觉得不当，可科长让这样干。"

D. 耐心听完他的话，找出错误在哪里，今后如何改进工作，并提醒他注意态度。

（7）你的朋友当着众人的面喊你的很少有人知道的不雅"绰号"时，你怎么办？

A. 你面红耳赤，低头不语，在众人的笑声中显得尴尬，无地自容。

B. 你怒声斥责他不懂礼貌，胡说八道。

C. 你反唇相讥，当着众人面给他起个不雅的外号。

D. 你向大家解释"绰号"来历，说明并没恶意，以澄清是非。

（8）你好不容易挤上公共汽车，还没站稳就被旁边一个人踩了一脚，而且连一句道歉的话都没有，这时你会怎样?

A. 踩一脚就踩一脚，反正也没踩伤。

B. 怒声斥责他，骂他“眼瞎”，并因此吵架，甚至动武。

C. 不动声色，到下车时回敬他一脚。

D. 告诉他踩得很痛，虽说不是故意的，也该说声对不起。

(9) 你到一家餐馆就餐，要了一份价格比较贵的菜，服务员送来后，你觉得分量不足，这时你会怎么办?

A. 你想，开饭店就是为了赚钱，再说也没有绝对的分量标准，凑合吃算了。

B. 你端上菜找到服务员大吵大闹，指责他们故意坑顾客，发不义之财。

C. 你一声不吭地吃下，但临走时给饭店使点儿坏，比如把酱油、醋倒掉或把桌布弄得很脏乱。

D. 你把意见详细写在意见簿上。

(10) 你走在马路上，突然被一个骑自行车带小孩子的人撞着了，你怎么办?

A. 你想，怪不得昨晚做梦不好，今天自认倒霉吧。

B. 你厉声批评他，不让他走，要他向你道歉，赔偿损失，结果把孩子吓得哇哇哭。

C. 你想到骑车带小孩子违反交通规则要罚款的规定，你以找民警评理罚款威胁他。

D. 你对他说：“多危险，差点碰伤孩子，往后骑车留心点儿，再说带孩子也不安全。”

评分标准：

数一数你选择了多少个 A、多少个 B、多少个 C 和多少个 D。

测试结果：

多数选择 A：表明你对来自外界的干扰、纠纷都持消极退让的态度，即使属于自己的正当权益也不能予以维护，对周围发生的事情更是，“睁一只眼，闭一只眼”。其实这并不是克制，而是逆来顺受，自我解脱。不了解你的人还可能以为你胸怀大度，了解你的人会认为你缺乏个性，如果是个小伙子还可能被姑娘们认为是个“窝囊废”。

多数选择 B：表明你脾气暴躁，克制力很差。你想怎么说就怎么说，想怎么干就怎么干，时间长了会被认为是个缺乏修养的“粗鲁汉”。在人际关系上容易出现危机，搞不好还会惹出事端。有时人们也可能敬你三分，但那并不是由衷地佩服你。

多数选择 C：说明你有较强的克制力，不至于激化生活中出现的矛盾。不过你这种克制在多数情况下并不是真正意义上的控制消极情绪的锻炼，而是一种隐蔽、转移等变相发泄。与人相处时间长了，会使人感到你缺乏诚意，不够坦率，并由此对你敬而远之。

多数选择 D：说明你有很好的克制力，克制的方法好，社会效果也蛮不错。你宽宏大度、以诚待人，受到人们(其中也包括起初对你怀有“敌意”的人)的尊重。在人际关系上你是个有雅量的人。

四、管理游戏

学会自我控制的小游戏

大家总觉得能够按照自己意愿生活的女生是幸福的人，觉得这种人运气很好，其实这是大错特错的想法。想要抓住幸运的脚步，一定要学会如何自我控制，而不是为所欲为。吃自己想吃的东西，想做就毫不考虑后果地去做，这样并不算是幸福。能够自律的女生才是幸福的女生。

应用小游戏：选一个周末的晚上，在餐桌上摆放一瓶蓝色的情人草，对着星星大声说："我要做一个自律的人，我鄙视一切有诱惑力的东西!"然后放一点情人草在自己的包包里，好运就会离你越来越近了。

项目二十四
构建管理信息系统

学习目标

知识目标

了解管理信息系统的构成与功能；掌握信息搜集与处理的方法与技术。

能力目标

能有效地搜集组织有用的信息；能对搜集的信息进行分类、归档、传递和应用。

思政目标

树立管理信息系统在现代管理中具有重要意义的价值观念。

案例导入 ▷▷

沃尔玛的管理信息系统

沃尔玛公司是一家世界连锁的美国企业，是全球最大的商业零售企业，连续三年在美国《财富》杂志世界500强企业中排名第一。沃尔玛在全球27个国家开设了超过10 994家商场，下设69个品牌，全球员工总数220多万人，每周光临沃尔玛的顾客有2亿人次。从整体上看，沃尔玛具有以下优势：

- 管理高度规范化，经营理念科学化；
- 信息技术高度发达；
- 营运促销有特色；
- 培训体系健全化；
- 物流体系强大（主要指国外）；
- 美国品牌商品价格优势明显；
- 品牌优势显著。

沃尔玛专门建立了世界一流的管理信息系统、卫星定位系统和电视调度系统，全球4 100多个店铺的销售、订货、库存情况可以随时调阅查询。公司总部与全球各家分店和各个供应商通过共同的电脑系统进行联系，它们有相同的补货系统、相同的EDI条形码系统、相同的库存管理系统、相同的会员管理系统、相同的收银系统。从管理信息系统看，沃尔玛具有以下优势：

- 完善的物流管理系统；
- 客户关系管理；

- 先进的供应链体系；
- 网上零售；
- 数据仓库。

那么，沃尔玛是怎样成功地运用管理信息系统的？它利用这个先进的管理信息系统获得最低的成本、最优质的服务、最快速的管理反应。具体如下。

(1) 电子数据交换技术（EDI）

EDI具有自动、省力、及时和正确的特点，沃尔玛利用更先进的快速反应和联机系统代替采购指令，真正实现了自动订货。

(2) 有效客户反应系统（ECR）

ECR是零售市场导向的供应链策略，供应商、制造商、物流配送商、销售商、门店之间紧密配合，由客户引导补货，缺货的信息经过无纸化的EDI系统传递，零售商的结账平台和生产商的生产线由此连接起来。

(3) 销售时点信息系统（POS）

POS包括前台POS系统和后台管理信息系统，实现门店库存商品的动态管理，使商品的存储量保持在一个合理的水平，减少不必要的库存。

(4) 快速反应（QR）

开展订货业务和付款通知业务，通过EDI系统发出订货明细单和受理付款通知，提高订货速度和准确性，节约相关成本。

(5) 电子自动订货系统（EOS）

EOS有利于减少企业的库存水平，提高库存资金周转速度，有效防止销售缺货现象。

(6) 联合计划预测补货系统（CFAR）

CFAR是零售企业与生产企业利用互联网合作，共同做出商品预测，并在此基础上实行连续补货。

(7) 自动补货系统（AR）

沃尔玛成功地应用自动补货系统准确地掌握货物的库存量，自动跟踪补充货源，从而提高了门店的服务质量，降低了物流成本，提高了存货的流通速度，最终大大地提高了沃尔玛供应链的作业效率和经济效益。

沃尔玛成功地运用管理信息系统取得了巨大收获，具体如下。

(1) 在信息技术的支持下，沃尔玛能够以最低的成本、最优质的服务、最快速的管理反应进行全球运作。

(2) 依靠先进的电子通信手段，沃尔玛才做到了商店的销售与配送中心同步、配送中心与供应商同步。

(3) 沃尔玛与生产商、供应商建立了实时链接的信息共享系统，赢得了比其竞争对手管理费用低7%、物流费用低30%、存货期由6周降至6小时的优异成绩。

(4) 有效客户反应系统把生产厂商和零售商的结账台连接起来，信息流在供应链的节点上都是双向的，信息和货物的交换更加快捷可靠，降低了物流总成本，减少了库存量和库存成本，提供了低成本高价值的服务，及时满足了客户的需求。

(5) 沃尔玛拥有由信息系统、供应商伙伴关系、可靠的运输及先进的全自动配送中心组成的完整物流配送系统。这一物流配送系统大大降低了成本，加速了存货周转，为“天天低价”提供了最有力的支持。沃尔玛的销售成本也因此比零售行业平均销售成本低2%～3%。

思考与分析：

(1) 沃尔玛是如何运用管理信息系统的?

(2) 管理信息系统给沃尔玛带来了哪些利益?

知识学习 ▷▷

一、管理信息与管理信息系统

(一) 管理信息的概念与分类

1. 管理信息的含义

(1) 信息的含义：通俗地讲，信息就是能带来新内容、新知识的消息。

(2) 管理信息的含义：所谓管理信息，是指反映管理活动特征及其发展变化情况的信息，如管理的知识、管理的规范、管理的状况与效果及有关数据等。

2. 管理信息的分类

(1) 按照信息的来源，管理信息可以分为组织内部信息与组织外部信息。

(2) 按照现行的用途与作用，管理信息可以划分为决策信息、指挥与控制信息、作业信息。这三类信息分别和决策、指挥与控制、作业这三大职能活动相关并为之服务。

(3) 按照信息的载体或形态，管理信息可以划分为多种形式的信息，如：知识、消息；原理、规范、流动信息；数据、描述与评价；声音信息、书面信息、电子信息等。

(二) 管理信息系统

1. 管理信息系统的含义

管理信息系统是指为有效实现组织目标，由相关人员、各种计算机等装置，以及有关程序组成的提供信息服务的结构性综合体。它是一个人-机系统，能搜集、处理和传输信息，为管理者制订决策、计划，实施指挥、控制，组织作业提供信息服务。

2. 建立管理信息系统的必要性

一方面，现代社会经济和科学技术发展迅速，进入“信息爆炸时代”，管理者所接受的信息的数量急剧增加；另一方面，管理者越来越少与“具体事务”打交道，而更多的是与事务的“信息”打交道。因此，客观上要求必须把各部门、各环节的分散信息集中起来，建立一个管理组织信息的整体系统，科学地处理信息，以便高质量地更有效地向管理者提供决策与指挥信息。所以，处于现代社会的各类组织都必须建立起高效率的管理信息系统。

3. 管理信息系统的功能

(1) 确定信息需求。要根据各类需求，确定需要搜集何种信息，多少数量；信息的使用者是何人，在何时使用；需要什么样的信息形式等。要根据信息的输出确定信息的输入。

(2) 信息的搜集与处理。即搜集所需要的信息，并改善信息的质量。具体包括五个要素：①检核，就是确定某一特定信息的置信度，包括信息来源的可靠性、数据的准确性和有效性等；②提炼，将输入的信息和数据加以编选、缩减，以便向管理人员提供与他们的特定任务有关的信息；③编制索引，为信息的储存和检索提供分类基础；④传输，将正确的信息适时地提供给有关管理人员；⑤储存，将信息储存起来，以便必要时再次使用这些信息。

(3) 信息的使用。管理信息系统的最终功能是让管理者更好地使用这些信息。信息使用的效果主要取决于所提供信息的质量、提供信息的方法或形式、提供信息的时效。信息使用的基本要求是：向有关管理者适时地提供正确的信息。

管理信息系统的功能如图 24-1 所示。

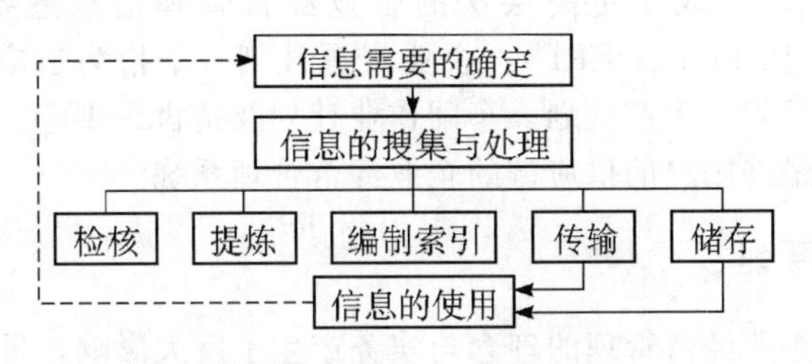

图 24-1 管理信息系统的功能

4. 管理信息系统的完善

(1) 建设高质量的人-机系统。要提高管理信息系统有关人员的素质，并提高计算机等装置，确保能满足系统功能的需要。

(2) 控制合理的信息量。要使信息的生产适应信息的需要，从各环节得到的信息正是管理所需要的信息。既要防止信息不足，又要防止信息生产过多，信息量的确定，既要考虑信息系统本身的处理能力，又要考虑管理者对信息的接受能力，使它们相协调。

(3) 建立最短的信息流程。要减少信息传递的环节和层次，制定合理的、最短的信息流程，并注意加快信息流通的速度。

(4) 提高系统的信息处理能力，努力提高信息的质量。

(5) 改进信息输出形式，注意信息使用情况的反馈。

(三) 典型的企业管理信息系统

1. COPICS 系统

COPICS (Communication Oriented Production Information and Control System) 系统是面向通信的生产信息与控制系统。COPICS 是 IBM 公司于 1973 年开发出来的管理信息系统，在世界上被广泛采用。它是主要面向综合制造业的管理信息系统。该系统对企业生产经营管理的全过程进行参与和控制。从市场预测、接受顾客订货开始，通过制订主生产调度计划、物料需求计划、作业计划，直到产品的生产与销售，所有信息均进入这一系统。COPICS 系统涉及整个企业的大部分部门的业务，具体由相互联系的 12 个功能子系统组成。

2. MRP 系统和 MRP Ⅱ系统

物料需求计划（MRP）与制造资源计划（MRP Ⅱ）是现代生产条件下，信息化的生产计划与控制方式。MRP 系统和 MRP Ⅱ系统主要面向现代市场条件下多品种、中小批量的生产系统。MRP Ⅱ是 MRP 的发展与高级形式。MRP Ⅱ是指集成企业的物料、生产能力等一切制造资源，将企业的经营、财务与生产子系统结合起来，而建立的全面的生产管理系统。MRP Ⅱ作为一个全面生产管理系统，具有明显的优势：①可以将生产作业与财务管理系统整合在一起，实现物流、信息流与资金流的统一；②可以实现计划与控制结合，并具有模拟功能；③能自动生成物料与所有制造资源的需求计划，并能动态地应变；④企业内部各部门可以使用统一的信息，实现数据共享。

3. ERP 系统

20 世纪 80 年代，随着国际化经营的发展，MRP Ⅱ融合其他现代管理思想与技术，不断拓展其适应范围，形成了更高层次的企业经营管理信息系统——企业资源计划(Enterprise Resource Planning，ERP)。企业资源计划，是指为适应更广泛市场的需要，集成整个企业的经营计划、生产计划、车间作业计划及销售、供应、库存、财务管理等功能，形成从原材料到最终用户的供应链的企业经营管理系统。

(四) 网络信息管理

因特网对传统的企业经营管理的理念与实务产生了巨大影响，带来了革命性变化。这种影响最主要的是通过改变企业与外部环境的信息交换方式，依托快速高效的信息交换来实现的。

1. 网络信息管理的特点

(1) 运作空间的全球化，通过因特网，管理者可以在世界范围内进行资源优选与经营运作。

(2) 信息搜集、处理与交换的实施化，大大地提高了信息服务的质量与效率。

(3) 信息安全问题尤为突出。由于信息管理的作用日益重要，信息安全的问题可能危及企业的生产经营乃至生存。

2. 网络信息管理的内容

(1) 利用因特网搜集信息，网络是组织极为丰富的信息资源来源，可以实时搜集到广泛的、非常有价值的信息。

(2) 利用因特网进行高效率的物资供应与生产组织。

(3) 组织网上市场营销，树立产品品牌和企业形象，这正在成为一个新趋势。

(4) 通过局域网实行办公自动化，大幅度地提高工作效率。

二、信息搜集与处理的方法

(一) 搜集信息的途径与方法

1. 通过大众媒体获取信息

可以从电视、广播、报纸、杂志、等大众媒体获取信息。

2. 通过组织工作获取信息

(1) 上级传达的文件、下级递交的总结报告等。

(2) 部门生产经营的数据、原始记录等。

3. 在与人沟通的过程中获取信息

(1) 正式沟通：上级的口头命令、下级的请示等。

(2) 非正式沟通：通过非正式组织沟通。

(二) 搜集、评价信息的方法

搜集、评价信息的方法如图 24-2 所示。

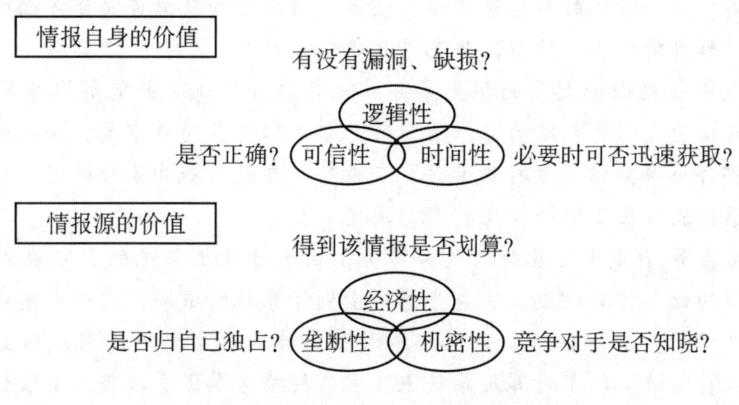

图 24-2 搜集、评价信息价值的方法

(三) 信息分析与整理

搜集上来的数据不能原封不动、不加处理地使用，为了充分了解所搜集的资料，必须对资料进行加工、整理，因此，必须掌握对数据的搜集、评价的方法。

(1) 掌握准确的信息，抓住信息的本质。

(2) 进行科学地分类。

(3) 进行深层次的研究，找出原因。

(4) 对即时信息做出准确的判断，并洞察其变化的趋势。

(四) 信息运用

(1) 建立信息系统——信息数据库。

(2) 对搜集上来的信息及时运用。

(3) 为上下级提供或传递信息。

(4) 信息的科学存储。

能力训练 ▷▷

一、复习思考

(1) 简述信息技术条件下控制系统的变化趋势。

(2) 什么是电子数据处理系统？它的特点和优势有哪些？

(3) 什么是管理信息系统？它的特点是什么？

二、案例分析

大学生录取信息系统

英国某大学的大学生录取信息系统主要由招生处与财务处负责开发，用于分析录取情况和财务援助决策，制定贷款标准，并根据申请者的特点生成各种报表，包括申请人及其父母的详细资料。这个系统的目标是申请人快速、准确地处理财务援助方面的事情，以便能够按时入学。到目前为止，这些工作都是用手工进行的。

高级主管X女士处理着大量的学生事务。她熟悉各项业务并能够准确地回答申请者提出的问题。她认为良好的判断力与招生时的严格录取标准同样重要。而新的计算机系统只是按照程序将每个事务作为“打孔卡片”来看待，在遇到一些模棱两可的情况时，计算机系统不能基于经验做出正确的招生判断与决定。

另一个高级主管Y先生负责处理财务事务。由于计算机系统的自主决策取代了以往由他控制和管理的财务援助决策，Y先生感到受到了系统的威胁，同时也感到计算机系统忽略了人的判断因素。X女士和Y先生都尽量阻止计算机系统的使用，不支持对招生处与财务处办公人员的培训，不打算用系统来生成各种报告和保管数据。主管信息系统开发的Z先生怀疑由于用户的抵制，新系统难以马上推广开来。

问题：

(1) 为什么有关高级主管要抵制新系统？

(2) 对于系统开发推广人员来说，应采取什么方法来改变用户对新系统的态度，减少用户对新系统的潜在抵制？

(3) 新系统在录取新生时，是否做到了公平？在哪些方面应做出改进？

三、技能测试

美国的《学生信息素养标准》

第一部分：信息素养

标准一：具有信息素养的学生能高效地存取所需的有效信息。

具有信息素养的学生能认识到，具有良好的信息素养是日常生活中获得各种机会的关键。他们知道何时需要寻找信息，怎样形成合适的信息问题，以及在何处查询信息。他们知道怎样在不同的资源和形式之间构架一次查询，以找到符合特殊需要的最佳信息。

指标1，能认识信息需求。

说明：学生对一个话题（或问题）的综述能表明他们对一个想法（或问题）与其他想法（或其他问题，可能包括在主要问题中）的关联性的理解。

指标2，能认识到准确的和综合的信息是进行智力决策的基础。

说明：学生能理解对一个问题的看法和观点不是唯一的（即相关信息不止有一个方面），并对其他观点持开放态度；他们也在决策前判断他们的信息的完全程度。

指标3，能基于信息需求而形成问题。

说明：学生能随着研究的深入，改变和细化他们的问题，通过发展核心问题来超越简单的事实，发现并推动有深度的对新发现知识的解释、综合和表征。

指标 4，能确定各种潜在的信息资源。

说明：学生具有查找不同形式的信息的策略，以达成信息需求。“不同形式的信息”包括印刷的和非印刷的、电子的和非电子的等，包含了不同的观点和覆盖深度，学生能从其中区分主要的和次要的资源。

指标 5，能应用和发展查找信息的成功策略。

说明：学生能为了所研究的问题在他们收集的资源中迅速有效地查找到最相关的信息，能根据资源的形式、组成和他们自身的查询能力，以及他们所研究的特定问题，修改他们的策略。

标准二：具有信息素养的学生能批判性地、恰当地评价信息。

具有信息素养的学生能评估和判断信息的质量。他们能理解传统的和新兴的评估信息的原则，如准确性、有效性、相关性、完整性和公正性等。他们能在各种信息资源之间富有洞察力地运用这些原则，使用逻辑判断来接受、拒绝或替换信息，以符合特定的需要。

指标 6，能确定信息的准确性、相关性和综合性。

说明：学生能认识到他们会在不同的资源中发现相反的事实，他们在做笔记之前确定信息的准确性和相关性。他们根据主题、被研究的问题和需要的产品的复杂程度来确定所收集信息的丰富程度。

指标 7，能在事实、观点和意见中做出区别。

说明：学生知道在何时必须运用事实，何时需要运用意见，怎样证明意见的有效性。他们知道不同的观点是如何影响相关问题中的事实和意见的。

指标 8，能判断误导信息。

说明：学生能判断错误解释或错误表述的事实和意见，能判断由于遗漏或偏向的信息所引起的不准确，能判断由于在广泛资源中收集和比较信息而造成的不准确性。

指标 9，能选择适合目前的问题和难点的信息。

说明：学生能持续评估研究的问题和难点，他们选择主要想法和符合特殊信息需求的支持性细节。当以前的知识或关于主题的新方向时，他们能修改主题和查询策略。

标准三：具有信息素养的学生能准确地和创造性地使用信息。

具有信息素养的学生能有效地在不同背景下管理信息。他们将不同资源和形式的信息组织和整合在一起，来作决策、解决问题、进行批判性思考和创造性表述。他们能为了各种目的而学术性地、创造性地以印刷的、非印刷的形式与学校内外的各种听众交流信息和想法。该标准可以推动批判性和创造性的思考和对真实世界情境的反思。该标准下的指标强调，学生使用信息以得出结论和在原来的基础上有了进一步的新理解时，应包含的思维过程。

指标 10，能为实际应用而组织信息。

说明：学生能组织信息以了解其意义并将其用最有效的方式表述给他人。他们理解自己的听众，理解表征形式的要求和需要表征的话题或问题的核心理念。

指标 11，能把新信息整合到自己的知识中。

说明：学生能把新信息整合到他们现有的知识中，通过发展基于信息的新理念和沟通新理念与已有知识的关联来得出结论。

指标 12，能在批判性思维和问题解决中应用信息。

说明：学生能发展思维策略并通过适当的信息、新理解和结论的有效综合来解决信息问题。

指标 13，能用适当的形式制造和交流信息和理念。

说明：学生能选择最符合听众需求、视觉或印刷表征的要求和表述的长度等的形式，他们让形式与要表述的理念的本质和复杂性相符合。

第二部分：独立学习

标准四：成为独立学习者的学生具有信息素养并追寻那些自己需要的信息。

作为独立学习者的学生利用信息素养的原则来存取、评价和使用与个体所需的问题和情境相关的信息。这样的学生积极独立地查询信息以充分理解其职业、社区、健康、休闲和其他个人情境。他们在各种形式的准确的创造性的信息和交流的基础上建构有意义的个人知识。

指标 14，能查询与个人福利相关的各种信息，如职业利益、对社区的融入、健康事宜和娱乐追求。

说明：学生能利用与学术目的相同的规则和策略来查找和利用个人目的方面的信息。他们通过在现实目标中的应用来测试他们对信息素养策略的理解。

指标 15，能设计、开发和评价与个人兴趣相关的信息产品和信息策略。

说明：学生能应用信息问题解决的技能来对个人生活进行决策。他们与其他进行个人决策的人共享信息。他们通过改变产品和策略来对反馈做出回应。

标准五：成为独立学习者的学生具有信息素养并能鉴别文献和其他创造性的信息表述。

作为独立学习者的学生利用信息素养的原则存取、评价、享受和创造产品。该学生积极独立地力求掌握打印的、非打印的各种文献的使用原则、管理和规范。该学生能理解和享受用各种形式呈现的创造性的作品，并创造产品来增强自身的各种能力。

指标 16，能成为一个有能力的和自觉的阅读者。

说明：学生能查询各种不同形式的不同信息资源来获得信息和个人享受。

指标 17，能从以不同形式被创造性地呈现的信息中获得意义。

说明：学生能接触到越来越多的人类经验和自身生活的想法。

指标 18，能开发不同形式的创造性产品。

说明：学生能确认和利用那些最有效地符合他们交流思想和情感的要求的媒体。

标准六：成为独立学习者的学生具有信息素养并在信息查询和知识形成的过程中追求卓越。

作为独立学习者的学生能利用信息素养的原则来评价他们自己的和他人的信息查询过程和信息产品使用过程。他们积极独立地评论个人的思维过程，评价独立创造的信息产品。他们知道什么时候他们的努力是成功的，什么时候他们的努力是不成功的，并能根据变化了的信息修改相应策略。

指标 19，能评估个人信息查询过程和结果的质量。

说明：学生能反思自己的工作并根据他人的反馈修正自己的工作。他们能形成某种内在的优秀标准。他们能适时修正信息查询的策略。他们能通过自问自答来对自己的信息查询过程进行自我评估。例如，“我的提问是否针对我所需要的核心?”“我是否已经掌握了足够的信息来得出事物准确的全貌?”他们把查询过程看成是递归的，在回答自己的评估问题时不断修正。他们能自己设定规范并判断自己工作的质量。

指标 20，能设计策略来修正、改进和更新自我生成的知识。

说明：学生能根据特定的任务来改进工作。他们能通过与同伴共同回顾，来比较并修正策略；通过组成反应小组、重点小组来与模型进行比较，并实验和修正策略。

第三部分：社会责任

标准七：对学习型社区和社会做出正面贡献的学生具有信息素养并认识信息对民主社会的重要性。

具有信息的社会责任感的学生能理解对信息的存取是基于民主的要求。他们从不同的观点、学术传统和文化视野中查询信息，以达到相关问题的理性的和广泛的理解。他们认识到，从不同的资源中平等地存取各种形式的信息是民主的基本权力。

指标 21，能从不同资源、背景、学科和文化中查询信息。

说明：学生能查询不同的意见、观点，他们利用这些资源积极地关注信息周围的背景，如谁的观点，什么文化背景和什么历史情境。

指标 22，能尊重平等存取信息的原则。

说明：能勤勉地把资料准时返还，共享有限资源的学生知晓他人的权力和需求，尊重平等存取权，视这些为学习的主流文化，而不是规则的强制执行。

标准八：对学习型社区和社会做出正面贡献的学生具有信息素养并在信息和信息技术方面实践有道德的行为。

具有信息的社会责任感的学生能利用和实践体现存取、评价和使用信息的高道德标准的原则。他们认识到在民主社会中平等存取信息的重要性，尊重智力自由的原则和所有知识产权拥有者的权力。他们在各种形式的信息中使用这些原则。

指标 23，能尊重智力自由的原则。

说明：学生能鼓励他人行使自由表达意见的权力，他们在共同工作时尊重他人的意见，他们从小组中的每个成员身上积极地吸取思想。

指标 24，能尊重知识产权。

说明：学生能知道公正使用的概念，认识到并尽量避免剽窃，按照信息查询过程来得出结论，用自己的语言表述结论，而不是从别人那里复制结论或参数，遵守书籍目录格式并标明所有使用的信息资源。

指标 25，能负责地使用信息技术。

说明：学生能遵守正当使用信息的政策和规定，有目的地使用仪器，使仪器和资料处在良好的使用状态。

标准九：对学习型社区和社会做出正面贡献的学生具有信息素养并在追求和形成信息的过程中参与有效的团队合作。

对信息制品富有社会责任感的学生——不管是本地的还是通过不同技术与学习社区相联系的——都能成功存取、评价和使用信息。他们跨越各种资源、观点去查询并分享信息和思想，并了解不同文化和学科的内涵和贡献。他们与不同的个体合作来确定信息问题、查询解决方法，并准确地和创造性地交流他们的解决方法。

指标26，能与他人共享知识和信息。

说明：学生能随时准备与小组成员共享自己收集的信息。他们在小组中与他人讨论，仔细聆听，适时改变自己的想法。他们也帮助小组在大量交流和所有成员共享之后达成一致。

指标27，能尊重他人的想法和背景，承认他人的贡献。

说明：学生能积极发现小组所有成员的贡献。他们仔细聆听以知道他人的意见和言辞，他们礼貌地回应他人的观点和想法。

指标28，能面对面或通过技术手段与他人合作，以确定信息问题并寻找解决方法。

说明：学生能面对面或通过技术手段与他人进行合作，以确定信息问题，发现解决方法。

指标29，能面对面或通过技术手段与他人合作，来设计、开发和评价信息产品和解决方法。

说明：学生能设想与他人面对面或通过技术进行合作所承担的责任，把思想综合到最终产品中。他们能对自己和小组的工作产生反应和评价，他们利用评价来改进内容，传递情况和工作习惯。

四、管理游戏

猜猜他是谁?

一年级管理课开始时，老师需要知道同学们对即将展开的课程究竟了解多少。让所有的同学在轻松、活泼的交流游戏中完成知识和信息的分享。试一试，一定会有令人惊喜的效果。

目标：分享大家的知识和信息。

时间：10～20分钟。

教具：一叠空白卡片。

人数：3～7人。如果有更多参与者，将他们分成人数相等的小组。

游戏过程：

(1) 事先准备4～5个与大学专业学习相关的问题。例如：

① 你来这里上大学主要的理由是什么?

② 对大学学习你最大的担心是什么?

③ 你目前对专业了解多少?

④ 你对用网络和书本学习管理知识有什么看法?

⑤ 你认为管理实践是什么?

(2) 每人取出一张卡片，写上数字“1”，然后在卡片上写下自己对第一个问题的回答。重复以上步骤，直至答完所有问题。每张卡片只能有一个问题的答案。将卡片写有答案的一面朝下，放在桌子中间。

(3) 让一位同学将所有卡片打乱，然后分发给每个人，还是正面朝下，一次发一张。

(4) 宣布游戏时间为10分钟，开始计时。

(5) 由第一位同学抽取一张卡片，大声念卡片上的内容。如有需要，可再念一遍。但不能将卡片给任何人看，以防从笔迹中辨认出作者。

(6) 除朗读者外，所有同学猜一猜谁是作者，并把自己猜测的名字写下来。(卡片真正的作者也可以写下他/她自己的名字，当然前提是他/她不是朗读者。)

(7) 完成后，大家公布自己的答案。此时，真正的作者可以揭晓谜底。凡是猜对者均可得一分，然后将卡片正面朝上放在桌子中间。

(8) 下一位再选择一张卡片，进行同样的过程。

(9) 如果只剩下最后一个针对某一问题的答案，朗读者只需将答案读一遍，然后将卡片放在桌子中间即可。(此次没有必要再猜，因为可通过排除法猜出作者。)

(10) 10分钟后立即结束游戏，宣布猜对最多者获胜。

(11) 最后，让同学继续朗读剩余卡片上的答案，同时揭晓作者。

五、项目训练

会计师事务所新的信息系统

组成3～4人的小组，指定一位发言人在指导老师提问时向全班报告你们小组的发言与结论，然后进行下面的实训。

你们是大型会计师事务所的合伙人，负责审查公司的信息系统，看它是否合适或足够先进。令人吃惊的是，你们发现虽然组织已经有优越的电子邮件系统，并且会计师的个人计算机已经被连接到强大的局域网上，但绝大多数会计师（包括合伙人）都不使用这种技术。你们还发现组织等级体系是管理合伙人选用的信息系统。

在这种情况下，你们认识到你们的组织没有运用新的信息系统所能提供的机会来获得竞争优势。你们讨论了这个问题，并且决定开会制订一个行动计划，让会计师们认清学习并且利用新的信息技术的潜在优势。

(1) 你能告诉会计师们使用新的信息技术可获得哪些优势吗？

(2) 在说服会计师们使用新的信息技术的时候，你认为会遇到哪些问题？

(3) 如何才能使会计师们比较容易地学会使用新的信息技术？

项目二十五 运用大数据进行管理创新

学习目标

知识目标

了解什么是大数据；掌握数据集成、数据分析、数据隐私与安全的新变化。

能力目标

运用大数据进行管理创新。

思政目标

培养大数据时代新的管理理念。

案例导入 ▷▷

大数据营销

当今的商人总会说到一个问题——生意非常难做。

为什么生意难做？原因如下：第一，中国是制造业大国，已出现了产能高度过剩；第二，我们的产成品库存积压，资金周转不够灵活，在交易过程中，不能将经济效益更大化地提高；第三，我们花费大量的金钱和时间进行广告、推销等，但收效不大。

能否有的放矢，精准收获？有一种技术解决方案可能会对我们整个经济的福利带来巨大的效益，那就是大数据。这里，我们分享三个真实案例。

第一个案例发生在美国。美国的妇女经常会嘱咐丈夫在下班回家的路上为孩子买尿布，而丈夫在买尿布的同时常常会顺手购买自己爱喝的啤酒。于是，商家决定将啤酒与尿布摆放在一起，结果带来了这两类商品销售量的剧增。

第二个案例发生在淘宝。有数据显示，每天上网高峰期主要集中在中午12点之后和晚上12点之前。研究人员发现，出现这种怪现象的原因是现代人睡觉前都会有上网的习惯。于是，有些淘宝商家就在晚上12点进行促销秒杀活动，以带动销量的增长。

第三个案例发生在我们的日常生活中。按照惯例，我们普通市民想要乘坐公共巴士，就必须到指定的巴士站被动地等待。有时候遇到路上堵车，等上个把小时也是时有发生的，而现在通过数据信息化手段可以直接进行客源组织，为处于相同区域、相同出行时间、具有相同出行需求的人群量身定做公共交通服务，并享受一人一座的定制服务，着实为出行提供了不少方便。

这三个小故事都是对历史数据进行挖掘，反映的是数据层面的规律。数据挖掘是从大量的数据（大数据系统）中提取、整合有价值的数据，从而实现从数据到信息、从信息到知识、从知识到利润的转化。

大数据可服务于精准营销。首先要把数据组织成数据资源体系，再对数据进行层次、类别等方面的划分，同时，要把数据和数据的相关性标注出来，这种相关性是反映客观现象的核心。在此基础上，通过分析数据资源和相关部门的业务对接程度，以此发挥数据资源体系在管理、决策、监测及评价等方面的作用，从而产生大数据的大价值，真正实现从数据到知识的转变，为领导决策提供依据。

思考与分析：

(1) 企业能否把上游和下游商品一直到末端个体消费者，甚至国民经济社会环境其他的数据关联起来？

(2) 在大数据的背景下，这种关联起来的数据能给企业带来什么好处呢？

知识学习 ▷▷

一、大数据概述

伴随着物联网、云计算和人工智能等技术的快速发展，以及以微博、微信等为代表的新型信息发布平台的出现，数据正以前所未有的速度增长，在数据出现多源异构、动态增长等特点后，传统的数据管理方式已经不能满足海量数据的需求，面对挑战大数据应运而生。大数据（Big Data）这个术语早在20世纪80年代就已经提出，*Nature*杂志于2008年刊登了一篇题为“Big Data：Science in the petabyte Era”的文章后，大数据的概念才渐渐被人知晓。2008年马云通过整合旗下电子商务网站中的消费者订单数据等信息发现，海外企业的采购量急剧下降，提前6个月的时间准确地预测出世界金融危机。2009年，Google公司利用人们网上搜索的相关词条，如咳嗽、发热等，依据检索的频率、时间和空间，建立了分析预测系统，成功预测出甲型H1N1流感病毒的爆发，及时发出预警信息。近年来，大数据的价值在管理的各个领域逐渐得到体现，成为人们重点研究的对象。

大数据是指无法在一定时间范围内用常规软件工具进行捕捉、管理和处理的数据集合，是需要新处理模式才能具有更强的决策力、洞察力和流程优化能力的海量的高增长率的和多样化的信息资产。在维克托·迈尔·舍恩伯格编写的《大数据时代》中，大数据指不用随机分析法（抽样调查）这样的捷径，而用所有数据进行分析处理的信息资产。大数据具有5V特点（IBM提出的）：Volume（大量）、Velocity（高速）、Variety（多样）、Value（低价值密度）、Veracity（真实性）。

二、大数据时代面临的新挑战

(一) 数据集成的挑战

在大数据背景下，数据集成具有如下新需求。

(1) 广泛的异构性。传统的数据一般是结构性数据，处理技术非常成熟，但在大数据时代，数据的类型出现了新的变化。

(2) 数据从以往的结构化的形式逐渐向结构化、半结构化和非结构化融合过度。

(3) 数据越来越多样，而多样性的变化源于数据源的变化。传统数据一般产生于 PC 或者服务器，这些设备较固定。随着 Web 2.0 技术的发展和移动智能终端（如智能手机、平板和 GPS 导航仪等）的普及，数据量呈爆炸式增长，并开始具备跨时空的特性。

(二) 数据分析的挑战

传统数据分析一般是在结构化数据上展开的，已经形成了一套成熟的分析体系，如联机分析处理（On-line Analytic Processing，OLAP）模式。随着大数据时代的到来，半结构化甚至非结构化的数据量猛增，传统的分析技术已经无法应付这些海量数据，数据分析面临如下新挑战。

(1) 数据处理的实时性。大数据时代，数据往往具有时效性要求，时间越短，能够从中获得的数据价值就越高。而在大数据分析方法上，没有一个通用的实时处理框架。

(2) 在动态变化环境中进行索引。在大数据环境中，数据是海量的，利用传统的索引方式从海量不同类型的数据中找到一条想要的记录是非常困难的，因此设计一种新的索引方式势在必行。

(3) 先验知识的缺乏。大数据时代，数据多以半结构化和非结构化的形式存在，这些数据之间难以直接建立联系，很多实时数据是以流的形式流入数据分析系统中，因此很难有时间去建立先验知识。

(三) 数据隐私与安全的挑战

个人隐私问题始终贯穿互联网时代，在大数据时代，数据的隐私与安全问题更为严重。

(1) 隐私信息的暴露。在互联网时代，隐私信息的保护一直是用户担忧的问题，社交网络出现以后，用户在不同地点和时间留下了越来越多的数据足迹。这种数据存在一定程度的关联和积累，将用户在不同地点的行为聚集起来，用户的隐私信息能够被轻易地暴露出来，隐私信息泄露风险大大增加。

(2) 数据公开与隐私保护之间存在的矛盾。若是为了保护隐私而将数据隐藏起来，数据就无法体现其价值。为了更有效地利用数据，需要将数据公开，包括政府机构和一些企业在内，都可以通过这些公开的数据知悉社会的需求和状况，从而更好地利用大数据技术。例如，阿里巴巴可以利用公开的数据了解客户的需求，在线上进行更有针对性的产品推荐和销售。大数据时代，怎样在保护隐私的前提下进行有效的数据分析和挖掘是很难把握的。

(3) 数据具备的动态性。之前的隐私保护多针对静态数据集，而大数据时代，数据具有动态性，数据类型的变化需要有新的数据处理技术来应对，即便这样还是会给隐私保护带来巨大挑战。

三、大数据时代的组织（单位）管理创新

（一）用数据推动组织（单位）决策

大数据时代是一个数据为王的时代，每个组织（单位）的决策者都应该意识到数据的价值。对数据的掌控和驾驭能力越强，支配未来竞争的优势越明显，利益回报越大。以往在项目（含政府或非政府项目）可研阶段，我们所掌握的数据有多少？是不是大部分要依仗咨询公司？数据的真实性和准确性又有多少？这都要打上一个深深的问号。我们的项目分析只局限在简单业务、历史数据的分析基础上，缺乏对客户需求的变化、业务流程的更新等方面的深入分析，或者说缺乏"站在未来看今天"的能力，这将导致战略与决策定位不准，存在很大风险。大数据时代要求组织（单位）必须通过收集和分析大量内部和外部的数据，获取有价值的信息，通过挖掘这些信息，将信息转为洞察，从而进行更加智能化的决策分析和判断。

（二）构建财务信息动态监控平台

"两金"（财务管理中常用术语，是指应收账款、存货）占用问题成为困扰诸多组织（单位）的顽疾，有时感觉就像电脑中的垃圾，不知不觉越积越多，到整个体系运转缓慢时，往往早已陷入恶性循环，需要花费大量精力去处理，而效果也不尽如人意。试想如果组织（单位）能够建立一个财务信息动态监控平台，通过精益财务分析来达到及时、有效预警，就可以通过这样的大数据分析增强组织（单位）的洞察力。更重要的是，通过大数据的信息加工达成管理建议的目的，马上演进为组织（单位）的管理行动，以便对于组织（单位）的整体财务状况和经营状况进行动态干预。

（三）数据化人力资源管理系统

如果传统人力资源管理是对人力资本的现状进行管控，那么进行人力资源的规划与预测则是现代人力资源管理的一项重要职能。目前的信息管理系统，在预测组织（单位）未来的人力资源走势，预判员工的成长曲线、离职倾向等方面十分困难。借鉴"大数据"理念，结合组织（单位）自身发展战略目标和实际情况，从现有数据入手，制订科学、合理的大数据战略规划，不断汇集、整理、分析和挖掘各项人事业务及组织人事信息，不断探索人力资源管理系统的大数据管理，加强各类职能业务关系，可以用数据提升我们的管理智慧。

（四）员工社交网络整合

这里所说的社交网络不仅指员工在企业内部建立的关系网络，还包括与组织以外的其他人员的联系、员工在各个在线社交网络平台上的好友等，这是一个庞大的社会关系网络，如果能很好地利用这一网络，可大大提高组织（单位）的效益。因为社交网络在跨部门的流程改善、联合和合并中可提供黏合剂的作用，这也是保持员工工作满意度的重要因素。

四、大数据在企业管理中的应用和推广

企业是社会组织（单位）的主体构成部分，大数据在当今社会的企业中越来越受到重视，因为它可以切实有效地促进企业的核心竞争力，从而实现企业的长远发展。

（一）大数据可以帮助企业仔细地了解所属用户的情况

在企业的实际运营操作中，已不再采用传统的市场调研方式，而是通过大数据来发现能够切实推动企业快速发展的策略，并通过具体数据来了解客户对企业所研发产品的真实态度，以获取客户对产品的建设性意见，并根据这些反馈性意见重新定位出企业所生产产品的新特征。

（二）大数据可以帮助企业发掘潜在资源

在实际运营操作中，企业一定要在实现对资源准确控制的基础上，进一步对潜在的数据资源进行有效发掘和利用。这些可以通过大数据的信息处理技术来实现，我们首先可以对企业的基本资源进行一个大概的整理规划，然后将潜在的资源信息进行简单的数据处理并以图像呈现的方式向大众展示，从而最大化利用信息。

（三）大数据可以帮助企业更好地对产品生产进行规划

大数据是一种高效、精准的信息处理技术。通过它，我们可以预知企业未来发展的大概趋势，且能够在此基础上对企业的基本生产结构和具体的产品生产流程做一个前期的规划，以此帮助企业在传统模式之上稳步发展，并为企业的实际问题提供行之有效的解决方案和措施，最终为企业的生产提供一份保障。

（四）大数据可以帮助企业更好地进行经营

大数据的数据之间具有关联性，因此通过大数据可以使企业中不同产品之间的交叉重合处更加容易被辨识，并能够以此为基础，在产品品牌的运营推广、企业战略规划、产品展示区位的选择上更加有把握。

（五）大数据可以切实有效地帮助企业开展业务

在企业运营操作中，可以通过大数据的计算来对大量的社交信息以及客户评论信息进行统计分析，以帮助企业对产品品牌进行合理的设计。此外，还要通过大量的数据来对获取到的信息进行交叉验证分析，并将分析所得结果面向社会化用户开展精细化服务。

能力训练 ▷▷

一、复习思考

（1）什么是大数据？它有哪些特点？

(2) 大数据时代面临哪些新挑战?
(3) 大数据时代如何进行管理创新?

二、案例分析

IBM 用大数据解决波士顿堵车难题

与全球很多大都市一样，波士顿长期被堵车难题困扰，不过最近波士顿迎来了一个特别的团队——来自 IBM 的六位数据分析工程师，其中一位来自东京，他们准备通过整合、分析现有交通数据，以及来自社交媒体（Twitter）的新数据源，来医治波士顿的交通恶瘤。该方案资金来自 IBM 智慧城市项目，IBM 为包括波士顿在内的全球 32 个城市分别提供了价值 40 万美金的技术咨询服务。IBM 给出的答案是可以将安装在 iPhone 上的移动应用分析软件（类似移动 BI 仪表盘），提供给市政规划人员使用，波士顿市政府透露将来也会发布面向公众的 iPhone 交通应用，将部分数据公开。这些数据包括市政网联网能够实时采集的交通信号灯、二氧化碳传感器甚至汽车的数据，这些数据能够帮助乘客重新调整路线，节省时间，节省汽油。

IBM 全球服务部的高管 Steve Wysmuller 对波士顿《环球报》说："每秒钟都有数以百万计的数据点信息，包括 GPS 和手机，这些数据经过分析处理后可以提供交通智能信息。" IBM 的专家们以及来自波士顿大学的技术人员准备制订一个优化的交通管理计划，以更快地发现拥堵问题；通过制定更好的自行车、泊车和交通管理政策，大幅降低碳排放。在研究员 Inrix 制作的一份美国城市交通拥堵排行榜上，波士顿排在西雅图和芝加哥之后，名列第十（火奴鲁鲁、洛杉矶、纽约分列前三名）。

目前还不清楚波士顿采用 IBM 解决方案的成本，但毫无疑问的是，这是一个大数据项目，项目可执行的前题是对物联网等基础设施进行连接和整合，这意味着还有很多工作要做，IT 经理网将持续关注此项目，让我们拭目以待。

问题：

(1) 大数据与物联网、云计算和人工智能及 GPS 和手机有何关系?
(2) 你对大数据时代的到来有什么看法?

三、技能测试

您了解大数据吗?

1. 当前大数据技术的基础是由（　　）首先提出的。
A. 微软　　B. 百度　　C. 谷歌　　D. 阿里巴巴
2. 大数据的起源是（　　）。
A. 金融　　B. 电信　　C. 互联网　　D. 公共管理
3. 根据不同的业务需求来建立数据模型，抽取最有意义的向量，决定选取哪种方法的数据分析角色人员是（　　）。
A. 数据管理人员　　B. 数据分析员　　C. 研究科学家　　D. 软件开发工程师

4.（　　）反映数据的精细化程度，越细化的数据，价值越高。

A. 规模　　B. 活性　　C. 关联度　　D. 颗粒度

5. 数据清洗的方法不包括（　　）。

A. 缺失值处理　　B. 噪声数据清除　　C. 一致性检查　　D. 重复数据记录处理

6. 智能健康手环的应用开发，体现了（　　）的数据采集技术的应用。

A. 统计报表　　B. 网络爬虫　　C. API 接口　　D. 传感器

7. 下列关于数据重组的说法中，错误的是（　　）。

A. 数据重组是数据的重新生产和重新采集

B. 数据重组能够使数据焕发新的光芒

C. 数据重组实现的关键在于多源数据融合和数据集成

D. 数据重组有利于实现新颖的数据模式创新

8. 智慧城市的构建不包含（　　）。

A. 数字城市　　B. 物联网　　C. 联网监控　　D. 云计算

9. 大数据的最显著特征是（　　）。

A. 数据规模大　　B. 数据类型多样　　C. 数据处理速度快　D. 数据价值密度高

10. 美国海军军官莫里通过对前人航海日志的分析，绘制了新的航海路线图，标明了大风与洋流可能发生的地点。这体现了大数据分析理念中的（　　）。

A. 在数据基础上倾向于全体数据而不是抽样数据

B. 在分析方法上更注重相关分析而不是因果分析

C. 在分析效果上更追究效率而不是绝对精确

D. 在数据规模上强调相对数据而不是绝对数据

11. 下列关于舍恩伯格对大数据特点的说法中，错误的是（　　）。

A. 数据规模大　　B. 数据类型多样　　C. 数据处理速度快　D. 数据价值密度高

12. 当前社会中，最为突出的大数据环境是（　　）。

A. 互联网　　B. 物联网　　C. 综合国力　　D. 自然资源

13. 在数据生命周期管理实践中，（　　）是执行方法。

A. 数据存储和备份规范　　B. 数据管理和维护

C. 数据价值发觉和利用　　D. 数据应用开发和管理

14. 下列关于网络用户行为的说法中，错误的是（　　）。

A. 网络公司能够捕捉到用户在其网站上的所有行为

B. 用户离散的交互痕迹能够为企业提升服务质量提供参考

C. 数字轨迹用完即自动删除

D. 用户的隐私安全很难得以规范保护

15. 下列关于计算机存储容量单位的说法中，错误的是（　　）。

A. 1KB＜1MB＜1GB　　B. 基本单位是字节（Byte）

C. 一个汉字需要一个字节的存储空间　　D. 一个字节能够容纳一个英文字符

16. 下列关于聚类挖掘技术的说法中，错误的是（　　）。

A. 不预先设定数据归类类目，完全根据数据本身性质将数据聚合成不同类别

B. 要求同类数据的内容相似度尽可能小

C. 要求不同类数据的内容相似度尽可能小
D. 与分类挖掘技术相似的是，都是要对数据进行分类处理
17. 下列国家的大数据发展行动中，集中体现“重视基础，首都先行”的国家是（　　）。
A. 美国　　B. 日本　　C. 中国　　D. 韩国
18. 下列关于大数据分析的理念的说法中，错误的是（　　）。
A. 在数据基础上倾向于全体数据而不是抽样数据
B. 在分析方法上更注重相关分析而不是因果分析
C. 在分析效果上更追究效率而不是绝对精确
D. 在数据规模上强调相对数据而不是绝对数据
19. 万维网之父是（　　）。
A. 彼得德鲁克　　B. 舍恩伯格　　C. 蒂姆伯纳斯一李　　D. 斯科特布朗
20. macOS 系统的开发者是（　　）。
A. 微软公司　　B. 惠普公司　　C. 苹果公司　　D. IBM 公司

参考答案：

1. C　2. C　3. C　4. D　5. D　6. D　7. A　8. C　9. A　10. B　11. D　12. A
13. B　14. C　15. C　16. B　17. D　18. D　19. C　20. C

四、管理游戏

数据的规律探究游戏

游戏目的：数据的规律探究。
游戏难点：数据的内在规律（①大小变化规律；②符号变化规律）。
游戏方法：观察、类比、探究、归纳。
游戏过程：
1. 数据引入
从学生喜闻乐见的数据游戏开始引入课题。俄罗斯著名数学家高斯在读小学三年级时在课堂上遇到了一件趣事……
1＋2＋3＋4＋…＋99＋100＝________
1－2＋3－4＋ …＋99－100＝________
说明：这里让学生观察有什么变化？只要提到符号，特别是负号即予以赞赏。
2. 发现奥秘
观察下面一列数：1，－2，－3，4，－5，－6，7，－8，－9…
(1) 写出这一列数中的第 100 个数和第 1 009 个数。
(2) 在前 2010 个数中，正数和负数分别有多少个？
(3) 判断一下 2016 和－2016 是否在这一列数中，并说明理由。
解：(1) 第 100 个数为 100，第 1 009 个数为 1 009。
(2) 正数 670 个，负数 1 340 个。

(3) −2 016 在这列数中，2 016 不在这列数中。

说明：①这组数据与上面一组数据似曾相识，非常相似，有何明显区别，有规律可循吗？②要求学生能看出主要是符号变化：每三个数据一循环且一正两负。

3. 步步高升

观察下面一列数，探究其规律：

$$-\frac{1}{2},\ \frac{2}{3},\ -\frac{3}{4},\ -\frac{5}{6},\ \frac{6}{7},\ \cdots$$

(1) 试写出第 8，9 个数。

(2) 第 2 016 个数是什么？

(3) 如果这一列数无限排列下去，它将与哪两个数越来越接近？

解：(1) $\frac{8}{7}$，$-\frac{9}{10}$

(2) 第 2 012 个数是 $-\frac{2\,012}{2\,013}$

(3) 无限接近于 0 和 −1

说明：由整数变化到分数且兼顾符号变化，规律还是较明显。

4. 挑战极限

观察下面一列数：−1，2，−3，4，−5，6，−7，…，将这列数排成下列形式：

$$\begin{array}{c} -1 \\ 2\quad -3\quad 4 \\ -5\quad 6\quad -7\quad 8\quad -9 \\ 10\quad -11\quad 12\quad -13\quad 14\quad -15\quad 16 \\ \cdots \end{array}$$

按照上述规律排下去，第 10 行从左边数第 9 个数是________，数 −201 是第________行从左边数第________个数。

说明：三角形垒数不仅要知道横向规律，而且要弄明白每行数据的个数，还有每行首尾两个数中至少要知道一个，此题有难度，有深度。

课程教学设计建议

一、课程性质及目标设计

《管理能力基础》是市场营销、电子商务、物流管理、会计、财务管理、旅游管理、酒店管理等高职高专商贸财经大类专业、旅游大类专业的专业基础课，也是工商管理类专业的专业课。它直接为培养学生的管理能力服务，同时，也为高职高专各专业后续的专业课程教学奠定基础。

《管理能力基础》服务于高职高专人才培养目标，坚持能力本位，理论与实训相结合，以管理基本技能培养为主线展开教学。其教学目标定位为：培养基层管理岗位的综合管理技能。这种基层管理岗位综合管理技能，是指企事业单位基层的班组长、工段长、领班、部门主管等管理岗位所需要的综合性、一般性的管理技能。这种管理技能既区别于以宏观管理、概念技能为主的高层综合管理能力，又区别于以专业化为特征的生产、营销、财会等职能管理技能。整个课程的教学内容以这种综合管理技能为主线进行设计。

二、课程内容及课时设计

模块编号	模块名称	学时
一	管理基础能力	16
二	计划与决策能力	12
三	组织与人事能力	12
四	领导与沟通能力	10
五	控制与信息处理能力	10
综合实训		8
合计		68

三、考核方案设计

传统的考试内容强调的是课程理论的识记、理解和计算，忽视对实践操作能力、分析思考能力和综合运用能力的考查。根据高职高专教育能力本位的要求，我们大幅度增加了《管理能力基础》实践、操作、分析、运用的考查内容和评判依据，注重课程学习的过程性与终极性考核相结合，以过程性考核为主。对于课程期末的考试（考查），其内容、方式也是紧紧围绕基本概念和基本原理，紧密联系实际，注意培养学生分析和解决实际问题的能力。

考核内容、形式及成绩比例如下。

1．平时考核（60%）

平时考核成绩主要由以下几个部分组成：

（1）课堂考勤；

（2）课堂讨论及回答问题；

（3）课堂单个项目训练；

（4）课后书面作业练习。

2．期末考试或考查（40%）

考试：内容以案例分析、方案撰写、项目设计为主，按规定时间闭卷完成。

考查：对组织（企业、事业单位）进行相关问题调查，并在规定时间内完成管理整体方案设计。

参 考 文 献

［1］ 中国企业管理案例编写组．中国企业管理案例［M］．北京：中国经济出版社，1992.
［2］ 雷恩．管理思想的演变［M］．孔耀君，译．北京：中国社会科学出版社，1992.
［3］ 孙耀君．西方管理学名著提要［M］．南昌：江西人民出版社，1995.
［4］ 罗宾斯．管理学［M］．4 版．北京：中国人民大学出版社，1997.
［5］ 刑以群．管理学［M］．杭州：浙江大学出版社，1997.
［6］ 乔治，希尔．当代管理学［M］．李建伟，等译．北京：人民邮电出版社，2003.
［7］ 赵文明，何嘉华．百年管理失败名案［M］．北京：中华工商联和出版社，2003.
［8］ 周三多．管理学原理与分析［M］．上海：复旦大学出版社，2003.
［9］ 王毅捷，李爱华．管理学案例 100［M］．上海：上海交通大学出版社，2003.
［10］ 华牧．经典管理寓言全集［M］．北京：企业管理出版社，2004.
［11］ 李新庚，熊钟琪．管理学原理［M］. 长沙：中南大学出版社，2004.
［12］ 单风儒．管理学基础［M］．3 版．北京：高等教育出版社，2005.
［13］ 王光健，胡友宇，石媚山．管理学原理［M］．2 版．北京：中国人民大学出版社，2018.
［14］ 张云河．管理学基础［M］．3 版．北京：中国人民大学出版社，2018.
［15］ 陈杏头．管理基础与实务［M］．北京：中国人民大学出版社，2020.